口絵１　ロウントリー社キットカットの青いラッピング・ペーパー、1942年
口絵２　ロウントリー社キットカットの赤白のラッピング・ペーパー、1956年。「Crisp」と記されている
（以上 所蔵：Borthwick Institute of Historical Research, University of York）

左上より
口絵３　カカオの木になるカカオポッド
口絵４　カカオの花とベビー・カカオ（幼少のカカオポッド）
口絵５　カカオポッドの中の白い果肉
口絵６　白い果肉に包まれたカカオの種子
（以上 撮影：小方真弓）

CHOCOLATE

口絵７　カカオ飲料の入ったコップを受け取ろうとしている王。グアテマラ出土のマヤの皿
（所蔵：The Chocolate Museum, Bruges, Belgium）

口絵８　貴族に供するココアを作っているタイル画
（出典：Coe & Coe 1996:132）

口絵９　ヴァン・ホーテン社のカカオ豆とココア・パウダーの見本（Weesp Old Town Hall Museum、撮影：著者）

口絵 10　ヴァン・ホーテン社の1889年パリ万国博覧会出品記念カード（所蔵：著者）

口絵 11　イースターのチョコレート作りを手伝う少年、オランダ・ウェースプのチョコレート・ショップにて（撮影：著者）

口絵 12　ロウントリー社のココアの広告、20世紀
（所蔵：Borthwick Institute of Historical Research, University of York）

口絵 13　ロウントリー社のココアの広告、20世紀（所蔵：Borthwick Institute of Historical Research, University of York）

口絵 14　ベルギーのチョコレート・ショップ、ブルージュにて（撮影：著者）

CHOCOLATE

中公新書 2088

武田尚子著

チョコレートの世界史

近代ヨーロッパが磨き上げた褐色の宝石

中央公論新社刊

はじめに

チョコレートと近代化

チョコレートから、人生のどのような記憶が蘇《よみがえ》るだろうか。幼いころに、マーブル・チョコを一粒ずつつまんで大事に食べたことがあるかもしれない。中学生や高校生のとき、夕方の部活を終えて、友達とチョコを分けあった人もいるだろう。バレンタインデーは自分のチョコレート・カレンダーに、花火のようなきらめきやスリリングな一瞬を刻んでいるかもしれない。私たちは人生の折々に、さまざまな味わいのチョコレートを楽しむことができる時代に生きている。しかし、チョコレートがこのような身近な存在になって、わずか一〇〇年余りにすぎない。

大きく分けると、チョコレートには二種類ある。工房で職人が手作りするチョコレートと、工場で大量生産される規格品チョコレートである。工房で職人がていねいに作るチョコレートは味の深みを教えてくれるが、値段は高めで、売られている場所も限られている。

この一〇〇余年の間にチョコレートがどんなにおいしいものであるかを人々に教えていったのは、規格品チョコレートである。手ごろな価格で、誰《だれ》にでも手が届く範囲にチョコレートが登場するようになった。規格品チョコレートが普及して、世界の人々はチョコレートの味を覚えていった。

ベルギーやフランスでは職人の手作りによる、クラフツマン的な味わいのチョコレートが作り続けられたが、規格品チョコレートの普及に貢献したのはイギリスである。産業革命の一番手の得意技を生かして、チョコレートの工場生産を早い段階で成功させていった。

チョコレートは溶けやすく、デリケートなスイーツである。形状を整えて量産するには、技術力が必要だった。技術改良が進み、工場で生産されるようになって、チョコレートは手ごろな価格になった。チョコレートの普及には、工場や鉄道網の整備など、産業基盤が近代化している必要もあった。

近代産業のしくみが整っていたイギリスでは、早い時期に工場で良質のチョコレートが作られるようになり、チョコレート加工菓子の生産が本格化した。キットカットなど現代でも人気のチョコレート菓子が生み出された。チョコレート・メーカーは、印象的なラッピングをデザインし、広告に工夫を凝らした。

ダブル・テイスト

チョコレートを大喜びで手にしたのは、労働者階級である。長時間働く労働者に、エネルギー補給は欠かせない。午後の適当な時間に「ブレイク」をとって、気合いを入れ直す。手ごろな価格のチョコレートは、短い休憩時間に、紅茶と一緒にお腹《なか》に流しこみ、血糖値を上げて、一気にパワーアップする、格好のエネルギー・サプリメントである。

チョコレートが普及する以前に、労働者のパワーアップに貢献していたのはアルコールである。ビールやエールの国であるイギリスでは、アルコールに手が出やすい。アルコール摂取量を抑え、節制のきいた飲酒、勤勉な労働の習慣を身につけさせるには、アルコールに代わる甘い誘惑が効果的だった。チョコレートも紅茶も労働者の家計でまかなえる価格になり、イギリス人はチョコレートの味を覚えていった。現代のイギリスには、至るところにチョコレートの自動販売機があり、チョコバーをかじりながら、大またで街を歩く人をよく見かける。イギリス人はチョコを口に放り込んで、蒸気機関車のようにエネルギッシュに動き回る。日本で飲料の自動販売機が至るところにあるように、イギリスではチョコ自販機が当たり前の光景になっている。チョコ自販機は国民的エネルギー補給装置なのである。

チョコレートのとろける甘さには、国ごとに異なる近代化の過程が溶け込んでいる。チョコレートやココアは、「社会的」なスイーツでもある。チョコレートをめぐる「甘い味わい」と「社会的な味わい」のダブル・テイストが、褐色のスイーツを味わう楽しみをさらに深めてくれることだろう。

チョコレートの世界史　目次

5章 理想のチョコレート工場 129

イラスト・関根美有

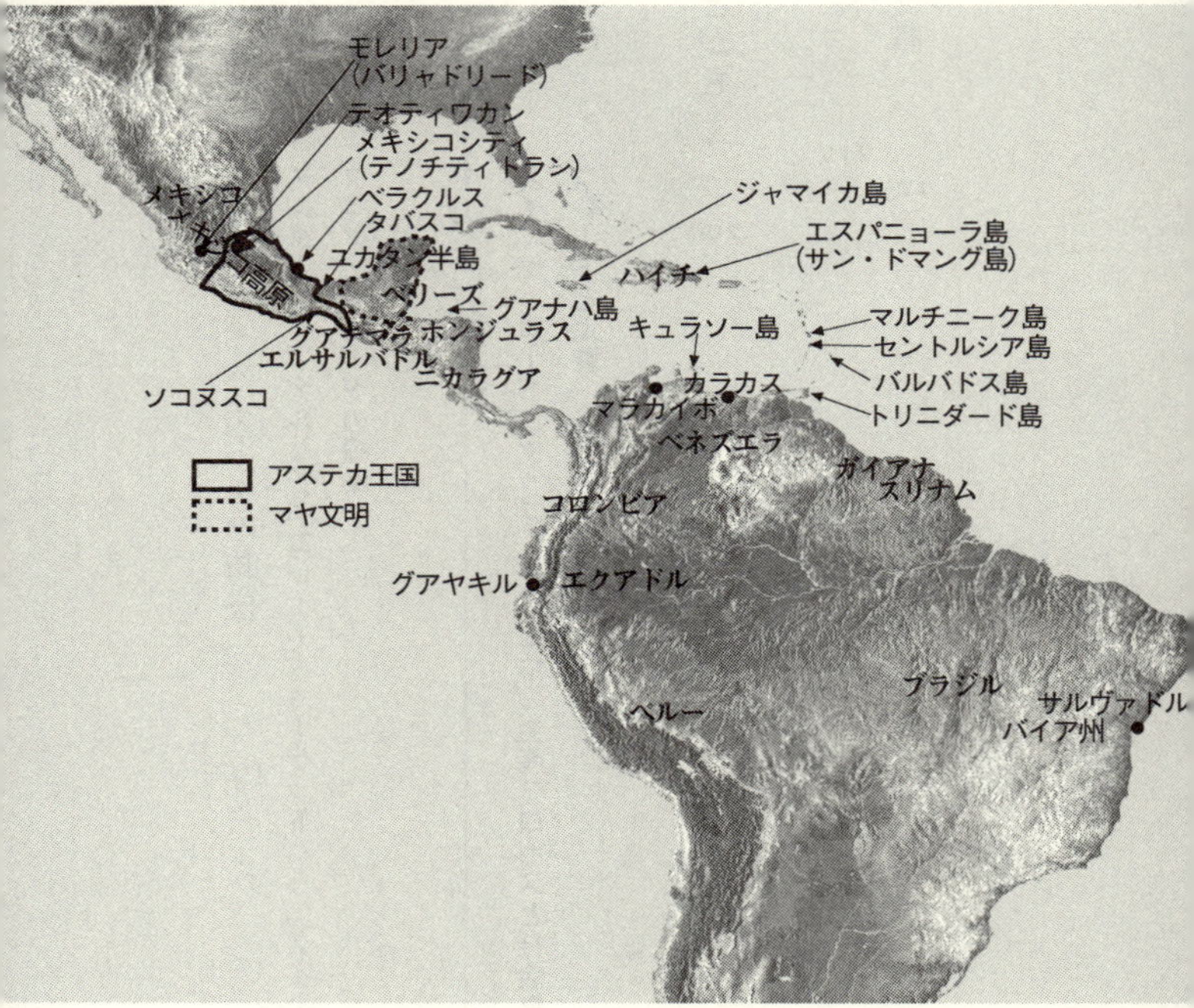
モレリア
(バリャドリード)
テオティワカン
メキシコシティ
(テノチティトラン)
ベラクルス
タバスコ
メキシコ
高原
ユカタン半島
ベリーズ
グアナハ島
グアテマラ
ホンジュラス
エルサルバドル
ニカラグア
ソコヌスコ
ジャマイカ島
エスパニョーラ島
(サン・ドマング島)
ハイチ
キュラソー島
マルチニーク島
セントルシア島
バルバドス島
トリニダード島
カラカス
マラカイボ
ベネズエラ
ガイアナ
スリナム
コロンビア
グアヤキル
エクアドル
ブラジル
ペルー
サルヴァドル
バイア州
アステカ王国
マヤ文明

ダーリントン
リヴァプール
ヨーク
バーミンガム
イギリス
ブリストル
ロンドン
オランダ
アムステルダム
アントワープ
ブリュッセル
ベルギー
パリ
チューリッヒ
スイス
フランス
ヴェヴェイ
ジュネーヴ
リヨン
バイヨンヌ
トゥルーズ
スペイン
バルセロナ
マドリード
ポルトガル
リスボン
カディス

序章　スイーツ・ロード　旅支度

1　カカオ豆の楽園

〝口福〟の成分

チョコレートを食べて、おいしいと感じるとき、どのような「おいしさの成分」が「口福」をもたらしてくれているのだろうか。すぐに思い浮かぶのは「甘さ」だろう。これは、チョコレートを作る過程で、砂糖や甘味料が加えられて、甘く感じるようになったものである。チョコレートの主原料であるカカオ豆は甘くはない。カカオ豆独自の味わいとはどのようなものだろうか。

カカオ豆そのものから発揮される成分には、「香り」（華やかな香り、スパイシーな香り、スモーキーな香りなど）や、「風味」（酸味、苦味、渋味）がある。また、チョコレートを口に入れたときの「かたさ・柔らかさ」「口どけ」「コク」も、おいしさの大事な決め手である。[1]

つまり、原料の主役であるカカオ豆が醸し出すアロマ（香味）やフレーバー（風味）と、砂糖やミルク等を混合してできあがった加工品のテクスチャー（舌ざわり）が、絶妙なバランスを作り出し、チョコレートの個性を生み出している。

カカオ豆本来の「風味」である苦味、渋味は、カカオ豆に含まれるポリフェノールによるものである。カカオ・ポリフェノールの主成分はカテキンやエピカテキンである。ポリフェノールは赤ワインや緑茶などにも多く含まれ、タンニン、カテキン、色素のアントシアンなどの成分は、抗酸化作用によって病気や老化を防ぐ効果がある。ポリフェノールの含有量が多ければ、苦味、渋味が強い。苦味、渋味を緩和させるため、産地ではカカオ収穫後、ただちに発酵させる。発酵が進むと、ポリフェノール量が減少し、渋味や苦味が和らいで、まろやかな味になる。

カカオ豆には本来酸味があるが、発酵で渋味・苦味が軽減され、酸味がより強く感じられるようになる。カカオ含有量が多いダーク・チョコレートを味わうと、さわやかな酸味に、かすかなほろ苦さが溶け合い、深い味わいに驚くことがある。カカオ豆のポリフェノールの含有量や調整の加減で、味のバラエティが生み出されている。

カカオ豆の三姉妹

カカオ豆には、ポリフェノールの含有量が異なる三種類の系統がある。クリオロ種、フォラステロ種、トリニタリオ種という。

ポリフェノールの含有量が最も少なく、カカオの魅力を最良に発揮する品種は、クリオロ種である。苦味・渋味が少なく、カカオ豆独特の芳香が強い。クリオロ種でビター系のチョコレートを作ると、抜群の味になる。クリオロ種は生の豆を食べても美味に感じるという。しかし、病気に弱いため、栽培が難しい。稀少《きしょう》品種で、現在世界で生産されているカカオ豆の一%程度の生産量にすぎない。

フォラステロ種は、ポリフェノールを多く含む。栽培が容易な強い品種で、世界の生産量の約八五~九〇%を占める。味にパンチはあるが、苦味が強い。そのままでは、ビター系のチョコレートには向かない。しかし、ミルクをブレンドすると、フォラステロ種の強い個性がミルクと調和して、すばらしい味に変わる。

トリニタリオ種は、クリオロ種とフォラステロ種を交配させて、両方の特徴を生かした改良品種である。クリオロ種のすぐれた香味・風味と、フォラステロ種の病気に強い点を兼ね備え、世界の生産量の一〇~一五%を占める期待の品種である。

図表序－1　カカオ生産地での作業

収穫	カカオポッド（カカオの木に実った莢）を収穫する
↓	
発酵	カカオポッドを割り、白い果肉に包まれた種子を発酵させる
↓	
乾燥	種子を取り出し、乾燥させる
↓	
出荷	袋詰めして、出荷

神々の食べ物

カカオは、学名をテオブロマ・カカオ（*Theobroma cacao*）という、アオギリ科に属する樹木である。テオブロマは、ギリシャ語で「神（theos）」の「食べ物（broma）」を意味する。成長すると、七〜一〇メートルの高さの樹木になる（口絵3）。幹に直接小さな花が咲く（口絵4）。これが大きな莢《さや》に成長し、幹や太枝からぶらさがる。この莢をカカオポッドという。これを割ると、白い果肉に包まれて、種子（豆）が三〇〜四〇粒入っている（口絵5・6）。

カカオポッドの収穫は、通常は小刀などを用いて手作業で行われる。収穫後、白い果肉ごと種子を取り出して、集めて発酵させる（図表序－1）。中の種子を傷めないように注意して、手作業でカカオポッドを割り、種子を取り出す。多くの人手を必要とする労働集約的な作業である。

発酵はカカオ豆の味わいを深める重要な一ステップである。カ

図表序－２　現代のカカオ産地

カオポッドから取り出した白い果肉と種子を積み上げて、バナナの葉で覆う発酵方法や、木の箱に一〜二トンを詰めて発酵させる方法などがある。発酵によって、種子は摂氏五〇度程度まで温度上昇し、化学反応を起こして、アミノ酸などが生成される。アミノ酸はポリフェノールと反応して、種子は褐色に変わり、カカオ独特の風味が生まれる。[2]

発酵を終えると、種子を乾燥させる。乾燥によって、さらに味の熟成が進む。乾燥には、天日乾燥と人工乾燥の二通りがある。人工乾燥では、乾燥台の下に煙道を作り、木材を燃やして、煙道に高温の空気を通す方法などが用いられている。木材の種類や状態によっては、カカオ豆にスモーキーな香りが付着することがある。乾燥がすむと、袋詰めして出荷される。

クリオロ種の原産地は中米、フォラステロ種の原産地は南米のアマゾン川流域とされている。カカオの生育に適しているのは高温多湿地帯で、平均気温が摂氏二七度以上、年間降水量二〇〇〇ミリメートル以上が望ましい。この条件を満たすのは、赤道をはさんで南北の緯度が二〇度以内の地域で、かなり限定される。中南米、西アフリカ、東南アジアなどがこれに該当する（図表序‐2）。

図表序‐3　カカオ豆の主要生産国（2005／2006年）

（単位：1,000トン）

生産国	生産量
コートジボワール	1,407.8
ガーナ	740.5
インドネシア	560.0
ナイジェリア	200.0
カメルーン	166.1
ブラジル	161.6
エクアドル	114.4
トーゴ	73.0
パプア・ニューギニア	51.1
ドミニカ共和国	42.0
コロンビア	36.8
メキシコ	34.1
マレーシア	33.9

世界の総生産量＝3,758.6千トン
出典：［The International Cocoa Organization 2008 : 31］Table 3.

中南米原産だったカカオは、西アフリカに移植された。フォラステロ種の生産地として成長したのは、西アフリカ・ギニア湾のサントメ島、プリンシペ島、フェルナンド・ポー島である。アフリカ本土のガーナに移植が始まったのは一八七九年で、これはちょうどスイスでミルク・チョコレートが発案された時期にあたる。苦味が強いフォラステロ種は、ミルクと混合すると個性が生きる。ミルク・チョコレートの発案が追い風になって、アフリカでは、栽培の容易なフォラステロ種の生産が急速に拡大していった。

カリブ海のトリニダード島はスペインの植民地になったのち、クリオロ種が栽培されるようになった。十八世紀に不作になり、フォラステロ種が移植されたため、クリオロ種とフォラステロ種の交配が進んで、トリニタリオ種が生み出された。
現在のおもな産地は、クリオロ種はベネズエラ、メキシコなど中米のごく限られた地域、フォラステロ種は西アフリカや南米、トリニタリオ種は中米や東南アジアなどである。二〇〇五／〇六年の世界三大生産国は、コートジボワール、ガーナ、インドネシアで、この三国で世界総生産量の七二・一％を占めている（図表序－３）。

中南米の森に育ち、「神々の食べ物」だったカカオ豆は、今ではこのように世界各地で生産されるようになった。多様になったカカ

図表序－４　品種・産地別のカカオ豆の特性

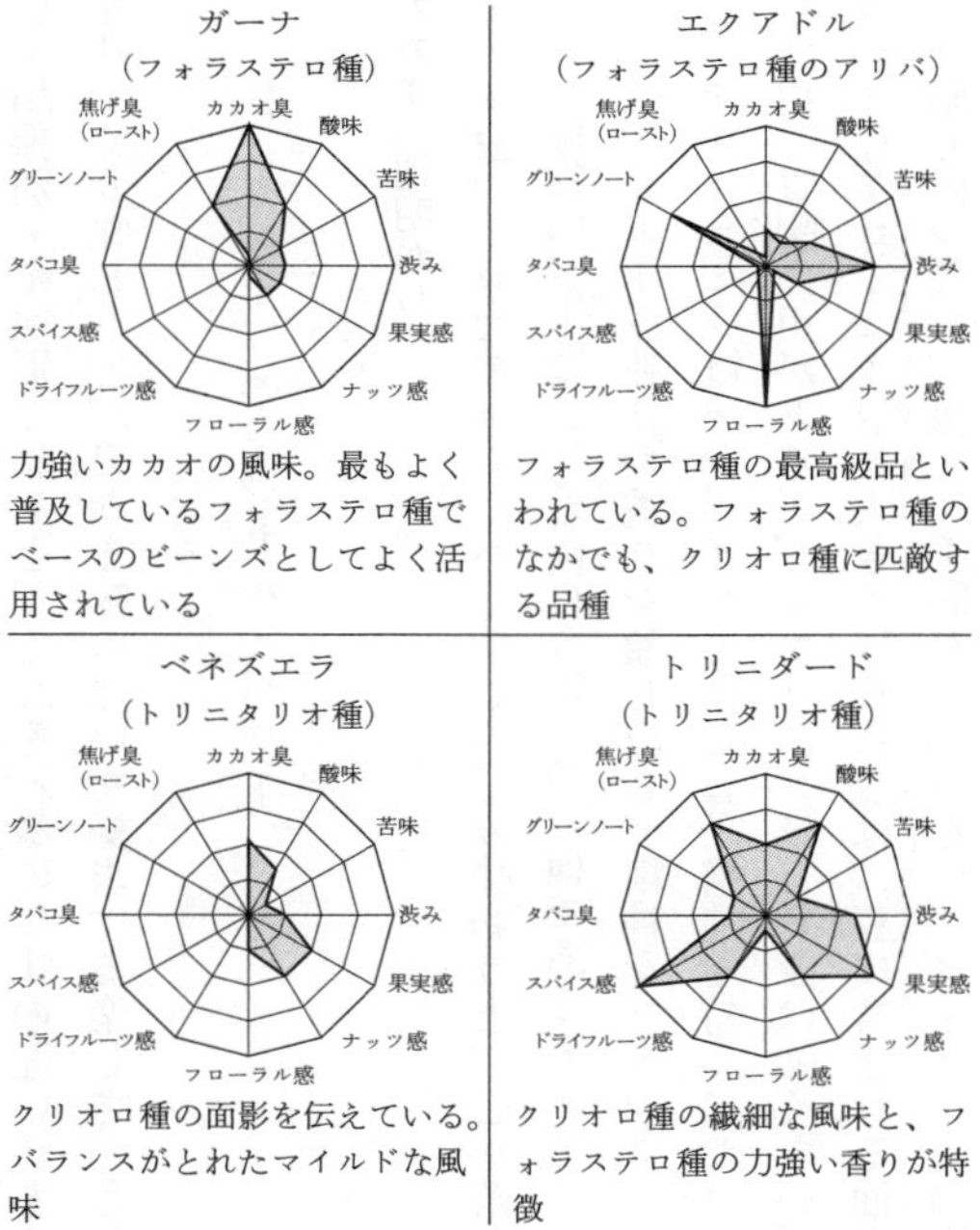

カカオ臭
酸味
苦味
渋み
果実感
ナッツ感
フローラル感
ドライフルーツ感
スパイス感
タバコ臭
グリーンノート
焦げ臭（ロースト）
力強いカカオの風味。最もよく普及しているフォラステロ種でベースのビーンズとしてよく活用されている
エクアドル
（フォラステロ種のアリバ）
フォラステロ種の最高級品といわれている。フォラステロ種のなかでも、クリオロ種に匹敵する品種

クリオロ種の面影を伝えている。バランスがとれたマイルドな風味
トリニダード

クリオロ種の繊細な風味と、フォラステロ種の力強い香りが特徴

出典：大東カカオＨＰ（http://www.daitocacao.com）掲載「産地別カカオビンズの特性」に著者修正・加筆

オ豆を品種別・産地別に見ると、それぞれ微妙な味の違いがある（図表序－4）。チョコレートをゆっくり味わうと、異なる味の違いを探求する楽しさがさらに広がるだろう。

2　カカオ豆のマジカル・パワー

カカオ「種明かし」

カカオ豆のアロマやフレーバーをしみじみ味わうと、心が落ち着く。カカオには、アルカロイド（植物内で生成される有機化合物）の一種であるテオブロミンが含まれている。テオブロミンは、カカオ豆独特の香りを醸し出し、精神をリラックスさせ、集中力を高める効果がある。テオブロミンはカフェインと似た分子構造を持っており（図表序－5）、血管拡張作用、強心作用、覚醒《かくせい》作用があるが、カフェインほど刺激は強くない[3]。

カカオ豆がコーヒー豆と大きく異なる点は、豆に含まれる油脂量である。コーヒー豆のほうが油脂分は少なく、扱いに手間がかからない。コーヒー豆の脂肪分は重量の一六％程度で、抽出のときに紙や布のフィルターが油脂を吸着してくれる。だから、豆を焙煎《ばいせん》し挽《ひ》いて、抽出すれば、そのままお客さんに飲料として出すことができる。コーヒーの場合、商品化のプロセスで油脂のコントロールが問題になることはあまりない。

図表序-5　テオブロミンとカフェインの分子構造

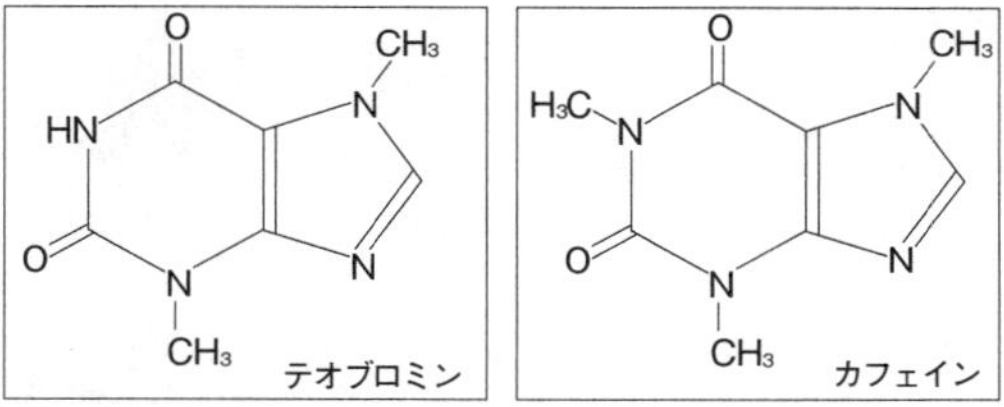

一方、カカオ豆は四五～五五%程度の脂肪分を含む。カカオ豆の重量の半分は油脂である。豊富な油脂は、コクや旨味《うまみ》のもとであるが、油脂の処理に手間がかかることは事実である。カカオ豆は油脂をコントロールし、砂糖など他の材料を加えて調整して、ようやく商品になる。加工プロセスに手間がかかる。

チョコレートを食べると、心も身体も生き生きして、パワーアップする。栄養の源、エネルギー源になっているのは豊富な油脂である。油脂の処理の仕方が、カカオ豆特有の生産・加工のしくみと、製品を作り出してきた。

チョコへの「変身」

生産国から出荷して、消費国へ陸揚げされたカカオ豆は、おおよそ次のような加工プロセスをたどる（図表序-6）。

工場に搬入されたカカオ豆は、不良の豆やゴミを取り除く。良質の豆を砕きながら、皮も取り除く。ここで残ったカカオの胚乳《はいにゅう》部分を「カカオニブ」という。まさにカカオ一〇〇%の状態である。カカオニブをすりつぶす作業を「磨砕《まさい》」という。カカオニブはすりつ

図表序－6　カカオの加工プロセス

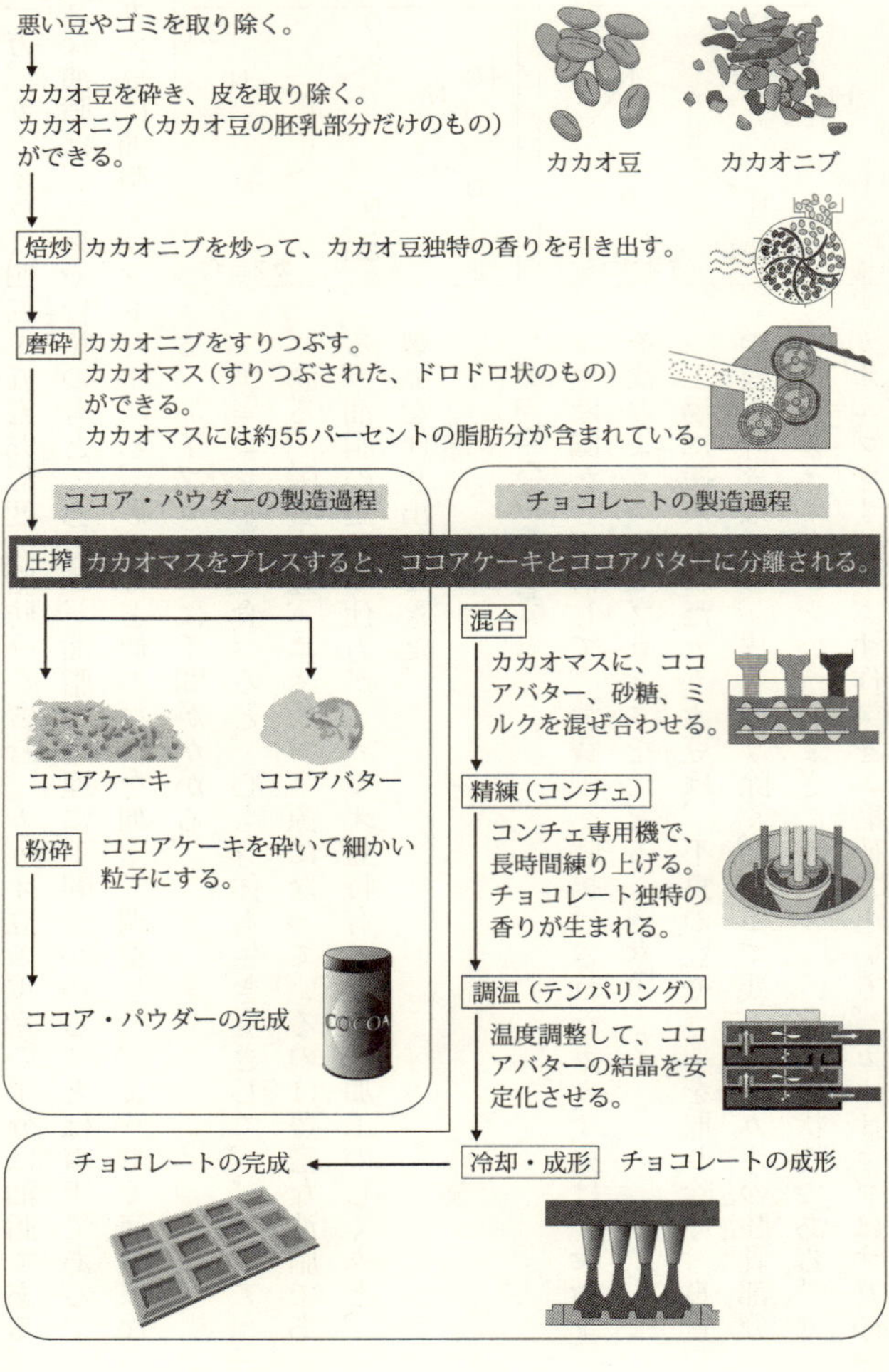
悪い豆やゴミを取り除く。
カカオ豆を砕き、皮を取り除く。
カカオニブ（カカオ豆の胚乳部分だけのもの）
ができる。
カカオ豆
カカオニブ
焙炒　カカオニブを炒って、カカオ豆独特の香りを引き出す。
磨砕　カカオニブをすりつぶす。
カカオマス（すりつぶされた、ドロドロ状のもの）
ができる。
カカオマスには約55パーセントの脂肪分が含まれている。
ココア・パウダーの製造過程
チョコレートの製造過程
圧搾　カカオマスをプレスすると、ココアケーキとココアバターに分離される。
ココアケーキ
ココアバター
粉砕　ココアケーキを砕いて細かい
粒子にする。
ココア・パウダーの完成
COCOA
混合
カカオマスに、ココ
アバター、砂糖、ミ
ルクを混ぜ合わせる。
精練（コンチェ）
コンチェ専用機で、
長時間練り上げる。
チョコレート独特の
香りが生まれる。
調温（テンパリング）
温度調整して、ココ
アバターの結晶を安
定化させる。
冷却・成形　チョコレートの成形
チョコレートの完成

ぶされて、褐色のドロドロ状態になる。これを「カカオマス」という。カカオマスには脂肪分が約五五％含まれている。

飲料の「ココア」を作る場合、カカオマスの状態では脂肪分が多すぎて、飲みにくいため、「圧搾《あっさく》」によって、カカオマスから脂肪分を押し出して、脂肪分を軽減する。搾り出された脂肪分を「ココアバター」といい、残った固まりを「ココアケーキ」という。

ココアケーキを砕いて、細かい粒子にしたものが「ココア・パウダー」で、飲料用のココア粉末として使うのはこの状態のものである。

ココアバターは三〇～三五度で融解する特質がある。これは人間の体温に近いため、チョコレートを食べると、口のなかでスムーズに溶ける。ココアバターは安定した脂質で、用途が多い。ココアバターで化粧品や石鹸《せっけん》も作られる。

チョコレートを製造する場合は、油脂五五％を含んでいるカカオマスに、さらにココアバターを加える。脂肪分を高めて、なめらかな口当たりにするためである。カカオマスに、ココアバターのほか、砂糖、ミルク等を加えて、「精練（コンチェ）」する。長時間練り上げることによって、粒子がさらに細かくなり、チョコレート独特の香りが強まる。充分練り上げたあと、ココアバターを安定させるため、「調温（テンパリング）」を行い、冷却・成形して、チョコレートができあがる。

チョコレート一族

このようにチョコレートの製造過程では、カカオマスにココアバターを加える。しかし、ココアバターは生産量が限られているため、高価である。そのため、ココアバターではなく、代用の油脂を使うことがある。代用油脂として用いられることが多いのは、ココナッツ油、パーム油などである。

製造過程で、多様な材料が添加されるので、チョコレート業界では、チョコレート表示に関する規約を定めている。カカオ分や、ココアバターの含有量によって、製品は四種類に分類されている（チョコレート、ミルクチョコレート、準チョコレート、準ミルクチョコレート）。四種類のうち、カカオ成分が最も多いのが、いわゆる「チョコレート」で、日本の規格ではカカオ分が三五％以上で、そのなかにココアバターが一八％以上含まれている製品を指す。

近年、カカオ含有量が多いダーク・チョコレートの人気が高まっている。七〇％、八五％、九九％などの数字が気になるチョコ・ファンも多いことだろう。たとえば、「七〇％」という表示は、「カカオマス＋ココアバター」の総量である。規約によって、ココアバターが一八％以上入っていることは確かである。しかし、製品によって「カカオマス」と「ココアバター」の割合は違う。A社の「七〇％」チョコは、カカオマス四〇％＋ココアバター三〇％

かもしれない。B社の「七〇%」チョコは、カカオマス二〇%+ココアバター五〇%かもしれない。「カカオマス」と「ココアバター」の割合によって、味も値段も変わる。

チョコレート・ショップに足を運ぶと、宝石のように並べられた粒々のチョコレートを「ボンボン・ショコラ」や「プラリネ」と呼んでいたりする。「ココア」を注文しようとすると、「ショコラショーですね」と言われることもある。統一された「チョコレート語」があるわけではなく、それぞれの製造者や、チョコ・ファンが、好みに応じて、好みの「チョコ語」を使っている。

この本ではシンプルにスイーツ・ロードを歩いていくことにしよう。日本で日常的に使われているように、固形で食べるものは「チョコレート」、液体で飲むものは「ココア」(または「カカオ飲料」)、チョコレートを使ったお菓子は「チョコレート加工菓子」と表記する。

カカオのグローバル・テイスト

スイーツ・ロードの旅支度として、旅のおおまかなスケジュールを述べておこう。中南米の「神々の食べ物」だったカカオは、世界各地に広がり、ココアやチョコレートに加工され、「グローバルな食べ物」になった。

十七世紀以降、「貿易」商品として、カカオ豆をヨーロッパへ運ぶしくみが作られていった。近代のヨーロッパでは、搬入されたカカオ豆を「生産・加工」するしくみが整い、ココアなどの加工商品が広まっていった。カカオ豆をめぐる「貿易体制」と「生産・加工体制」が車の両輪のように稼働して、ココアやチョコレートはグローバル・スケールの食品に成長していった。

この本では、カカオのグローバル化の二つの成長エンジンである「貿易体制」と「生産・加工体制」に着目することにしよう。二つのしくみがどのように形成され、連動して、グローバル食品の成長を実現させていったか、その発展の歴史を解き明かそう。「生産・加工体制」の早期実現を果たしたイギリスのココア・チョコレート事情にフォーカスする理由もここにある。

スイーツ・ロードをたどりながら、神々の楽園の果実「テオブロマ」が、万人に愛される「グローバル・テイスト」に変貌《へんぼう》していった「褐色の宝石」の旅の物語を味わうことにしよう。

1章　カカオ・ロードの拡大

1　カカオ〝豆源郷〟

カカオ揺籃の地

カカオ豆のクリオロ種の原産地は、中米のメソアメリカと呼ばれる地域である（現在のメキシコ南部、グアテマラ、ベリーズ、エルサルバドル、ホンジュラス西部、ニカラグアの一部）。カカオ関連の出土品や記録が出てくる、いわばカカオ文化の発祥の地である。メソアメリカの歴史を簡潔に振り返っておこう。

メキシコ湾岸のタバスコ地方では、紀元前十一世紀ごろにオルメカ文明が形成された。その影響を引き継いで、メキシコ湾と太平洋にはさまれたソコヌスコ周辺では、紀元前二世紀

図表1－1　カカウ（kakawa）の文字が記された土器（所蔵：The Chocolate Museum, Bruges, Belgium）

～紀元後二世紀ごろに、イサパ文明が成立した。オルメカ文明、イサパ文明が成立していた地域は、クリオロ種の原産地に該当し、遺跡から紀元前の炭化したカカオ豆が出土している。「カカオ」という言葉も、オルメカ文明、イサパ文明の担い手であったミケ・ソヘ語族がこの豆を「カカウ」と呼んだことが語源といわれている。[1]

ユカタン半島では、四～九世紀にかけてマヤの都市国家が栄えた。壮大な神殿が建造され、二十進法による数の表記、太陽暦、絵文字など、独自の文明を発達させた。マヤ文明の遺跡の出土品のなかには、五世紀ごろの把手《とって》つき土器の側面にカカウという発音の文字が記され（kakawa。マヤ語は音節最後の母音は読まない）、内部にカカオの残滓《ざんし》が確認されたものもある。マヤ人も褐色の豆を「カカウ」と呼ぶようになっていた[2]（図表1－1）。

四～七世紀のメキシコ高原ではテオティワカン文化が栄えたが、その影響が及んだ地域では、土器にカカオ豆を描いたものや、カカオポッドとおぼしき実をつけたものが出土している（図表1－2）。

メキシコ高原では、十二世紀のなかごろにアステカ族が進出し、十四世紀にはテノチティトラン（現在のメキシコシティ）を首都として、アステカ王国を建国した。巨大な神殿、太陽暦、絵文字を発達させ、活発な商取引が行われた。十五世紀後半にはグアテマラ近辺にまで勢力範囲を拡大し、各地から特産物を貢納させた。そのような貢納品のなかにカカオも含まれていた（図表1－3）。

図表1－2　カカオポッドをつけた彫像　エクアドル。紀元100年ごろ（所蔵：The Chocolate Museum, Bruges, Belgium）

一五二一年、アステカ王国はスペイン人コルテスの軍に征服され、滅亡した。スペイン人は、マヤ文明圏だったユカタン半島も支配下におさめた。メソアメリカはスペイン植民地になり、先住民のインディオは高い貢租を徴発されたばかりでなく、労働力として使役され、苛酷《かこく》な環境におかれた。外部からもたらされた疫病が流行し、インディオ人口は激減した。宣教に入ったスペイン人修道士によって、インディオ虐待が批判され、白人が経営するプランテーションには、アフリカから黒人奴隷を労働力として移入するしくみが形成されていった。

図表1－3　カカオをアステカ王国の首都へ運ぶ隊商（出典：Coe & Coe 1996：76）

カカオの神秘的パワー

十五世紀までのカカオをめぐる登場人物はマヤ人、アステカ人である。マヤ社会、アステカ社会において、カカオは神秘的なパワーの象徴として珍重された。カカオ豆によって、力が増すと期待された領域は、おもに三つある。宗教、経済、身体である。

宗教面では、カカオは神々への供物として捧《ささ》げられた。経済面では、カカオは貨幣として用いられた。身体面では、カカオの栄養効果によって、健康増進がめざされた。カカオは社会のなかのさまざまな循環を刺激し、社会を活性化させることが期待されたエネルギー源の一つだった。

宗教、経済、身体面の増強に、カカオは具体的にどのように関《かか》わっていたのだろうか。諸々《もろもろ》の宗教的儀式、たとえば農作物の種蒔《たねま》きや、豊穣《ほうじょう》祈願の折に、人々は供物としてカカオを捧げ、神に手厚い加護を祈った。収穫の祭りでは、カカオの神に感謝を捧げた。ユカタン半島のマヤ人の間では、カカオの神は商業を司《つかさど》る神でもあった。誕生、成人、結婚、死などの通過儀礼の際にも、カカオが登場した。女の子が生まれると、生後一二日めにカカオや鳥を奉納した。結納や結婚式の引き出物にカカオが使われることもあった。アステカでは死者の旅立ちに、カカオやトウモロコシを捧げた。[3] カカオは、この世の人々の思いを神々へ橋渡しする霊力を持った存在として、宗教的な媒介の機能を期待された。

褐色の貨幣

経済面では、カカオは金や銀とともに貨幣として活用され、経済力の象徴だった。たとえば、一五四五年にメキシコの市場では、トマト大一個はカカオ一粒、鶏の卵はカカオ二粒、野うさぎはカカオ一〇〇粒、オスの七面鳥はカカオ二〇〇粒で取引された。[4] よく乾燥させたカカオ豆が貨幣として用いられた。

いにしえの文明で、貝や石が貨幣として使われた例は多く見られる。貴重品で、かつ持ち運びに便利な物が、交換手段になった。貨幣として用いられるには、広範囲にわたる人々に、価値が認められている必要がある。貨幣であるには、ケインズが言うところの「流動性」つまり「時間をえらばずにどのような商品にも交換できる容易さ」があり、かつ「価値の保蔵手段」としての有効性、つまり不確実な未来においても一定の価値が維持されるだろうと信頼されている必要がある。

貨幣として流通するということは、「〈本物〉の貨幣のたんなる〈代わり〉が、その〈本物〉の貨幣になり代わって、それ自体で〈本物〉の貨幣となってしまうという〈奇跡〉」である。(5) また、貨幣として用いられるモノに、万物との交換の価値があるという「呪術《じゅじゅつ》的、宗教的、精霊的な力」を認め、「過去の一切の時間を現在の経験世界の一個の物体に圧縮し縮減するという不可思議なはたらき」を承認していることでもある。(6)

そのような役割を託された交換手段は、万人に信頼されて、さらに力を帯び、交換の機能を増強し、社会のなかで貨幣としての役割を十全に果たしていく。カカオが貨幣として用いられていたことは、万物との交換が可能な神秘的な力を認められていたことを意味している。

メソアメリカで、カカオは、宗教面では神々の世界と現世をつなぐ媒介手段として、経済面では現世において広範囲の人々の間をつなぐ交換手段として、社会的に重要な機能を果たしていた。

図表1－4　カカオ豆を煎る器（所蔵：The Chocolate Museum, Bruges, Belgium）

楽園のドリンク

マヤ社会、アステカ社会では、カカオは貨幣として用いられるほどの貴重品だったから、食物としてカカオを口にすることができる人々は、社会上層部に限定されていた（口絵7）。

アステカ王国の最後の王モクテスマ二世の食事に、カカオで作った飲料が供される様子について、スペイン人が次のように描写している。

「この国で採れるあらゆる果物が運ばれてきても、モンテスーマはほんのわずかなものしか口にしなかった。それから時折、カカオの実から作られた飲物が入った純金のコップがいくつか出てくることがあった。この飲物は女と交わるために飲むのだと聞いたが、当時の我々はそんなことには気を止めなかった。ただ私が目にしたのは、泡立てた上等のカカオの入った大きな壺《つぼ》が五〇個以上も運ばれてくる光景だった。そ

図表1－5　カカオ豆を砕く女性の彫像（所蔵：The Chocolate Museum, Bruges, Belgium）

してモンテスーマは恭々《うやうや》しく給仕する女たちの手からこれを受けて飲んだ。（中略）モンテスーマの食事が終わると、すぐに続いて警護の者やその他宮中で働く大勢の使用人達の食事が始まった。先に述べたような料理を盛った皿の数は一〇〇〇を超え、メキシコ風に泡立てたカカオの入った壺も二〇〇〇個以上あったように思う」[7]

マヤ社会でも、アステカ社会でも、カカオは飲料として摂《と》ることが一般的だった。飲み物としてのカカオ飲料は、次のように作られた。発酵させて、乾燥させたカカオ豆を土鍋《どなべ》に入れて弱火で煎《い》る（図表1－4）。「メターテ」と呼ばれる弓なりの形をした石のまな板に、煎ったばかりの温かいカカオ豆をのせ、石の麺棒《めんぼう》のような道具を使って、豆を粉砕した（図表1－5）。すりつぶされた豆はドロドロになる。つまり、カカオマスの状態になる。

このままでは苦い。油脂も多い。飲みやすくするために、さまざまな香辛料や、苦味を和らげる添加物が加えられた。たとえば、トウガラシ、アチョテ（ベニノキの赤い実）、トウモロコシの粉などである。カカオマスに添加物を加えたものを、水や湯に溶かし、攪拌棒《かくはんぼう》を用いて、激しくかき混ぜ、泡立てたものを飲んだ。

カカオ飲料を摂るときには、「泡立てる」ことが重要だった。石のメターテで豆を砕いても、人力で粒子を細かくするには限度がある。口に含んだときになめらかとはいえず、ざらつき感を緩和するための方法だったのだろう。また、カカオ豆には油脂が多いから、攪拌して油脂を散開させることも必要だった。攪拌棒を使う以外に、カカオ飲料を高い位置から容器に注いで泡立てる方法もあった（図表1－6）。

図表1－6　高い位置からカカオ飲料をそそぐ女性　紀元750年ごろのマヤの宮廷（出典：Coe & Coe 1996：50）

このようにマヤ社会、アステカ社会で飲まれていたカカオ飲料は甘いわけではなかった。むしろ苦く、刺激の強い飲み物だった。現代の我々の感覚でいうと、スイーツというよりも薬用飲料、たとえば朝鮮人参《にんじん》やトウガラシ、生姜《しょうが》、にんにくなどで作った甘味のない飲料のようなもの、煎《せん》じ薬のようなものだった。富裕な者はバニラや蜂蜜《はちみつ》を加えて飲むこともあったという。

高価なものを食品として摂取したのは、疲労回復や精神高揚などの薬理効果を期待したからである。摂取すれば、身体的・精神的に健康になり、幸せな毎日が期待できる楽園ドリンクだった。

2　パラダイスからの旅立ち

宮殿の食卓から庶民の手へ

マヤ、アステカの特権階級の嗜好品《しこうひん》だったカカオ飲料が、宮殿や邸宅の食卓から、庶民の家に広がっていったのは、一五二一年にアステカ王国が滅び、ヌエバ・エスパーニャ（新スペイン）副王領として、スペイン植民地になって以降のことである。

ちなみに、コロンブスは一五〇二年にホンジュラス沖のグアナハ島で、マヤ人の交易カヌーにカカオ豆が積まれているのを見たという[8]。征服者コルテスもカカオを目にして、スペイン王カルロス一世宛《あて》の書簡に、「このカカオと申しますのは、ハタンキョウのような果物で、粉にして売られ、彼らがたいそう珍重いたしております。それゆえ、当地ではあまねく貨幣の役目を果たし、市場でもそのほかの場所でも、必要なものはすべてこれで買うことができます」と報告している[9]。

アステカの時代には、勢力範囲に入っていた中米各地から、首都テノチティトランへカカオが貢納されていた。一五二一年のアステカ王国の滅亡後も、カカオの貢納は続いた。カカオを受け取るのはスペイン人だった。一五三一～四四年には一八五町村がカカオを貢納していた。[10] 入手した大量のカカオでもうけを得るため、スペイン人は社会のなかに、新たなカカオの循環経路を作り出した。植民地にしたメキシコで、カカオ飲料を飲む習慣を広めたのである。カカオ飲料は大衆的飲み物になり、庶民にカカオを売却した利益はスペイン人の手におさまった。[11]

インディオは、石のメターテでカカオ豆をすりつぶし、甘味がない刺激的なドリンクを飲む伝統的な摂取方法を踏襲した。しかし、これはスペイン人の味覚に合わなかった。スペイン人は砂糖を入れて、甘味をつけて飲む方法を編み出した。メキシコに砂糖が入ってきたのは一五二二～二四年であったという。植民地という環境で、甘味料の流入と連動して、新しい味が作り出されていった。この甘い飲み物は十六世紀後半に、スペイン本国でも徐々に浸透していった。

白人支配階級の登場によって、中米の特産品は、それ以前とは異なる階級を対象に普及していった。特産品は、それ以前とは異なる組み合わせで活用することが考案された。いわゆる新しい「テイスト」が創《つく》り出され、支配階級に富をもたらした。

カカオをめぐるこのような状況が反映されているのだろうか、「チョコレート」の語はこの時期に登場した。スペイン人は、一五七〇～八〇年代に、カカオ飲料を「Cacahuatl」または「chocolatl」と記すようになった。語源については諸説ある。有力な説の一つは、マヤ語の「チャカウ・ハ（chacau haa, 熱い水）」である。[12] マヤ、アステカでは、カカオ飲料を水に溶いて、冷たいままで飲むことも一般的だった。砂糖で甘くして、熱くして飲むことを広めたのはスペイン人である。マヤ語の「チャカウ・ハ」に、アステカ人の使用言語ナワトル語の「アトル（水）」がついたという。スペイン人に飲む習慣が浸透していった時期と、スペイン人が記した文献に「Cacahuatl（chocolatl）」の語が登場するようになった時期が一致しているため、これが有力な説の一つになっている。スペイン人が慣れていったのは、中米原産クリオロ種の苦味が少ないまろやかな味だった。

新世界での成長

十六世紀に、メキシコの人々の間にカカオを飲む習慣が広まった。十七世紀末までは、メキシコが最も大きなカカオの消費地だった。カカオの需要が増えるにつれて、生産地が広がった。主要産地の推移をおおまかに述べると、十六世紀は中米メソアメリカ、十七世紀に入って中米カリブ海周辺や南米の一部、十九世紀には南米ブラジル、十九世紀後半にアフリカが登場するようになった。その推移をもう少し細かく見てみよう。

十六世紀前半におけるカカオ主要産地は、中米メソアメリカのタバスコ、ソコヌスコ周辺だった。クリオロ種の原産地である。しかし、スペイン統治が進むにつれて、ソコヌスコ周辺のインディオ人口は激減していった。伝染病や苛酷な労働で、三〇余年で一〇分の一に減少し、カカオ栽培に必要な労働力が不足した。十六世紀半ばに、この地域のカカオ栽培は衰退していった。

それに代わって、生産量を増していったのがイサルコス（現エルサルバドル）である。一五六〇～七〇年代にメキシコへ出荷するカカオは従前の一〇倍以上に伸びた。しかし、ここでもインディオ人口が減少し、カカオ生産を維持できなくなった。

十七世紀に入ってカリブ海周辺地域と南米の一部が産地として台頭した。その代表は、グアヤキル（現エクアドル）とカラカス（現ベネズエラ）である。

南米のグアヤキルは一五三七年に建設された町である。ここで栽培されていたのはフォラステロ種だった。十六世紀末からメキシコにカカオを出荷するようになり、十七世紀に本格化した。クリオロ種に慣れたメキシコの人々にとって、フォラステロ種は苦かった。メキシコ市庁も、グアヤキル産はメキシコ産クリオロ種に比べると質が劣るので、輸入禁止にしようとしたこともあった。しかし、一六四〇年代にはグアヤキル産が大量に流入し、カカオの

図表1－7　カラカスの輸出品目構成（1607年）

品目	価格総額（レアール）	構成比率（%）
タバコ	34,050	42.9
小麦粉	28,508	35.9
皮革	5,208	6.6
砂糖	4,170	5.2
サルサ	3,750	4.7
綿布	2,400	3
ビスケット	720	0.9
カカオ	432	0.5
チーズ	225	0.3
合計	79,463	100

出典：［布留川　1988：101］

価格は下がった。庶民が日常的に飲んでも負担に感じない価格になり、さらに普及していった。安いグアヤキル産を庶民は飲むようになっていった。[13] スペイン人はまろやかなクリオロ種を好んだ。

カラカスは、一五六七年にスペイン人入植者によって建設された町である。一六〇七年にはすでにメキシコにカカオを輸出していた（図表1－7）。カカオ農園の経営者は、スペイン系を中心とする白人入植者である。

もともとカラカス周辺には、カカオが多く自生していた。クリオロ種とフォラステロ種の両方があったという。アンデス山脈はカラカスの海岸近くまで延びている。海の湿った風が山脈に当たって、適度な雨が降る。多湿でカカオ栽培に適した気候だった。一六三〇年代には、スペイン本国にも輸出されるようになった。

カラカスのカカオ農園では、当初はインディオの労働力を利用していたが、一六三〇年代には黒人奴隷を使うようになった。アフリカから奴隷貿易で連れてこられた人々である。十七世紀にカラカスのプランテーションの主要労働力は黒人奴隷に切り替わっていった。[14]
グアヤキルやカラカスなど、遠隔地からメキシコへカカオが運びこまれるようになって、カカオを取り扱う白人のカカオ商人が十七世紀に成長した。メキシコ・シティ市内にカカオを貯蔵する倉庫を構え、各地のカカオ・プランターから買い付け、市中に卸していった。カカオ商人の仲介によって、メキシコシティにおけるカカオ取引量は増加した。一六三八年には、取引額は年に五〇万～一〇〇万ペソに達するようになった。拡大するカカオ市場に出荷するため、カラカスのプランターたちは黒人奴隷の恒常的な買い入れを望んだ。黒人奴隷によってカカオの植栽が進められ、カカオ産地は発展した。カカオ商人たちは、奴隷貿易にも関与するようになっていった。[15]

カカオ・アイランド

カリブ海諸島でカカオ栽培を広げたのはフランス人である。フランスは一六三五年にマルチニーク島を獲得、植民地化した。一六六〇年ごろに、マルチニーク島にカカオが植栽され、一六七九年にはマルチニーク産カカオがフランス本国にもたらされた。[16]つづいて、一六八四年には南米本土のスリナム、一七三四年にはガイアナにもカカオ生産が広がった。

同時期にフランスはカリブ海のサン・ドマング島（エスパニョーラ島。現ハイチ）などで、砂糖プランテーションの経営を積極的に進め、「カリブ海の真珠」と称されるほどの成功を収めた。アフリカから黒人奴隷の労働力を移入し、植民地における特産物の生産基盤を築いたのである。(17)

ベネズエラに近いトリニダード島は当初スペイン領で、一五二五年にクリオロ種の栽培が始まったといわれている。十八世紀前半に、病気または気候不順で、クリオロ種に被害が広がった。一七五七年にフォラステロ種の苗木が持ち込まれ、生き残っていたクリオロ種と交配して、トリニタリオ種が作り出された。トリニダード島も砂糖プランテーションで有名な島であるが、一八〇二年にイギリス領になった。トリニダード島はイギリス市場における重要な砂糖供給源の一つだった。

ベネズエラのカラカスに近いキュラソー島も、当初はスペイン領だったが、一六三四年にオランダ領になった。オランダの西インド会社の交易の拠点になり、中継貿易港として繁栄した。キュラソー島は、ベネズエラのカカオ産地の目と鼻の先にある。取り扱い品にはカカオも含まれ、本国のアムステルダムはヨーロッパ市場にカカオが流入する入口の一つになった。

南米ブラジルでフォラステロ種の商業栽培が始まったのは一七五五年である。当時のブラジルはポルトガル植民地だった。栽培の中心はバイア地方である。一〇年間で栽培は軌道に乗り、一七七〇年代には輸出されるようになった。十九世紀に入るとさらに生産量は伸び、十九世紀前半は年間二〇〇〇トン程度、後半には年間四〇〇〇～五〇〇〇トンに達し、世界的な生産地に成長していった。宗主国ポルトガルは、有望なカカオ生産地を擁するようになって、ポルトガル国内には充分な量のカカオが行き渡り、薬品、食品として潤沢に活用された。

十九世紀後半には、アフリカもカカオ産地に加わった。ブラジルのバイア地方からフォラステロ種が、一八二二年にギニア湾のサントメ島に、一八五五年にフェルナンド・ポー島に持ち込まれ、十九世紀にカカオ産地として成長した。

ブラジルのバイア地方のカカオ栽培とサントメ島の栽培には次のようなつながりがある。ブラジルも、サントメ島、プリンシペ島も、すべてポルトガル植民地である。サントメ島、プリンシペ島は、ポルトガルの奴隷貿易のアフリカにおける中継港だった。アフリカからブラジルに移送された黒人奴隷は、一五三八～一八五〇年の三〇〇余年で三五〇万～五〇〇万人に及ぶ。バイア州の州都サルヴァドルは、大西洋に面し、ブラジルにおいて黒人奴隷を最も多く受け入れた港である。黒人奴隷の労働力をベースに、ブラジル・バイア地方のカカオ栽培は成長した[18]。アフリカから黒人奴隷が移送された逆ルートで、カカオの苗が南米からアフリカの島へ移植された。カカオ産業が成長する以前に、宗主国ポルトガルはブラジルや、サントメ島で、黒人労働力を活用して、砂糖プランテーションを成長させた。砂糖とカカオの生産地はほぼ重なっている。

アフリカ本土のガーナにフォラステロ種が移植されたのは一八七九年で、十九世紀末〜二十世紀に一大生産地に成長していった。

3　海を渡る褐色の双子——カカオと砂糖

褐色の涙——大西洋三角貿易

このようにカカオ・ロードの拡大は、ヨーロッパ諸国による新世界の植民地化と深く結びついている。カカオの交易は砂糖と同様に、いわゆる大西洋三角貿易のシステムにビルト・インされていた。大西洋三角貿易とは、大西洋をはさんで、ヨーロッパ、アフリカ、中南米・北米の間で行われた商取引のことである（図表1-8）。

大西洋三角貿易は、おおよそ次のように行われた。ヨーロッパの港から、貿易船が武器、繊維製品などを積んで出発した。大西洋を南下して、アフリカ西海岸に到着すると、これらの品物を、黒人奴隷と交換した。アフリカ西海岸では黒人指導者による「奴隷狩り」が常態化していた。黒人王国の指導者層は白人に懐柔されて、武器を持って「奴隷」を狩り集めて

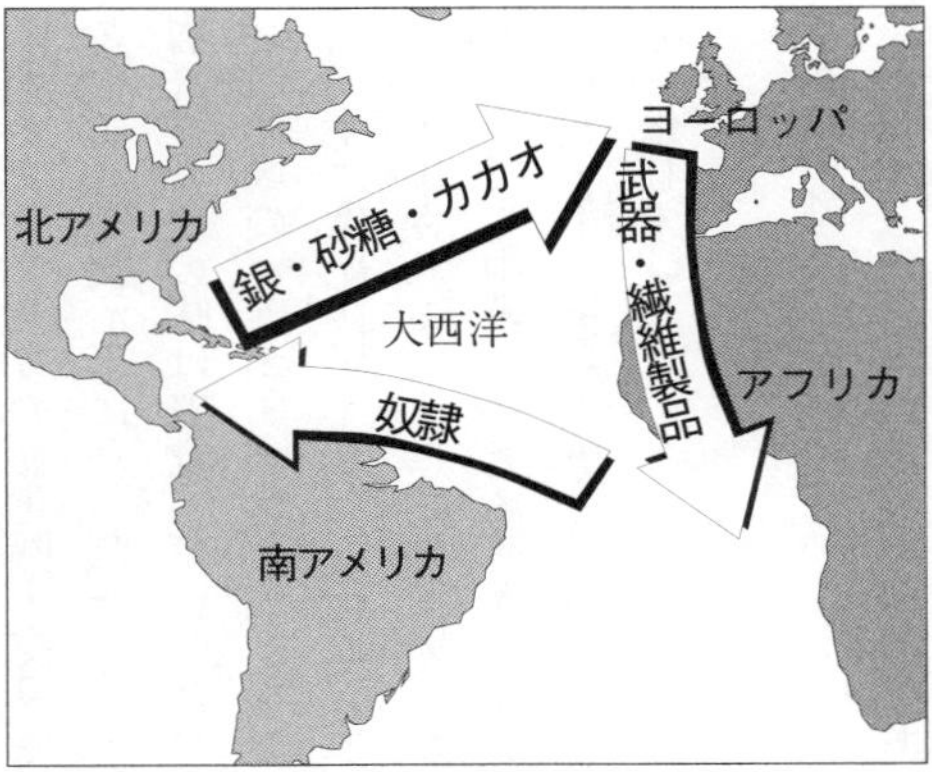

図表1－8　大西洋三角貿易

いた。黒人奴隷を乗せた船は、大西洋を横断し、中南米・北米に到着すると、労働力として白人のプランテーション経営者に売った。プランテーション経営者は、黒人奴隷が疲労で亡くなると、また次の奴隷を買い入れた。空になった船に、新世界の産物を積み込んで、ヨーロッパの母港に帰着した。奴隷貿易を行ったのは、アフリカに拠点を確保していたポルトガル、イギリス、フランス、オランダなどである。

ヨーロッパ諸国は、中南米・北米、アフリカ、アジアに植民地を獲得し、ヨーロッパに富が蓄積される世界的な分業体制、いわゆる近代世界システムを形成した。新世界のプランテーションで働く労働力を確保するため、アフリカから連れて来られた奴隷は数千万人に及ぶ。新世界からヨーロッパに運ばれた産物は、褐色の肌の人々の涙が生み出したものだった。奴隷貿易を廃止したのは、イギリスは一八〇七年、フランスは一八四八年、オランダは一八六三年である。

以上のように、カカオは十六世紀前半までは、中米メソアメリカの文化圏・交易圏において社会上層部だけが享受していた嗜好品だった。スペインの統治下になった一五二一年以降、中米のスペイン植民地において、社会の幅広い層にカカオの味は普及していった。中米市場にカカオを供給するため、十七世紀に中米カリブ海地域のカカオ・プランテーションで、黒人奴隷を労働力として導入することが本格化した。十六世紀後半〜十七世紀に、スペイン本国でもカカオの味は浸透し、カカオはヨーロッパへ輸出されるようになっていった。

かつて「中米メソアメリカの商品」だったカカオは、十七世紀に大西洋三角貿易の構造にビルト・インされ、黒人奴隷の移入や、新世界への物資輸送のしくみと連結し、「世界商品」化していった。

褐色の砂金

大西洋三角貿易の富の集積地であるヨーロッパで、カカオは「甘い」飲み物として浸透していった。カカオだけでは、ポリフェノールの苦味や酸味が強すぎて、ヨーロッパの人々の口には合わない。「甘味」つまり砂糖とセットになってこそ、カカオ豆特有の「苦味・酸味」が生きる。

砂糖は大西洋三角貿易によって、新世界からヨーロッパに運ばれた主要産品の一つである。

砂糖によって、ヨーロッパ社会に甘味料が供給されるようになった。それにともなって、カカオも海を越えて、ヨーロッパ社会に受け入れられる商品になっていった。砂糖もカカオも十七世紀には中米カリブ海地域を主産地とし、労働力を黒人奴隷に依存した。ヨーロッパ社会に受け入れられていった過程に類似点が多く、カカオと砂糖は、双子のきょうだいのようなものである。

砂糖の原料はサトウキビである。カリブ海地域では、本来はサトウキビは自生していない。一四九三年、コロンブスは二回めの航海のときにサトウキビの苗をカリブ海のサン・ドマング島に植え付けた。カリブ海諸島が植民地化されたのち、次々とサトウキビ・プランテーションが開発された。酷暑の気候で重労働に従事できる労働者が大量に必要だった。白人の砂糖プランターに管理・監督されて、黒人奴隷が労働集約的な作業に従事した。

プランテーションでは、サトウキビを収穫したあと、搾り出して液体を集め、煮詰めて褐色の粗糖を作った。精製して白糖にする作業は、ヨーロッパに運んだのち、貿易港都市で行われた。つまり、新大陸から運び出されるときの砂糖は、精製していない褐色の固まりだった。砂糖は、サトウキビ・プランターに富をもたらす「褐色の砂金」のようなものだった。「褐色のダイヤ」であるカカオ豆とともに、大西洋三角貿易で海を渡って運ばれる褐色の双子だった。

図表1－9　中南米スペイン植民地からスペイン本国へ輸入された物資の量（1778～96年）

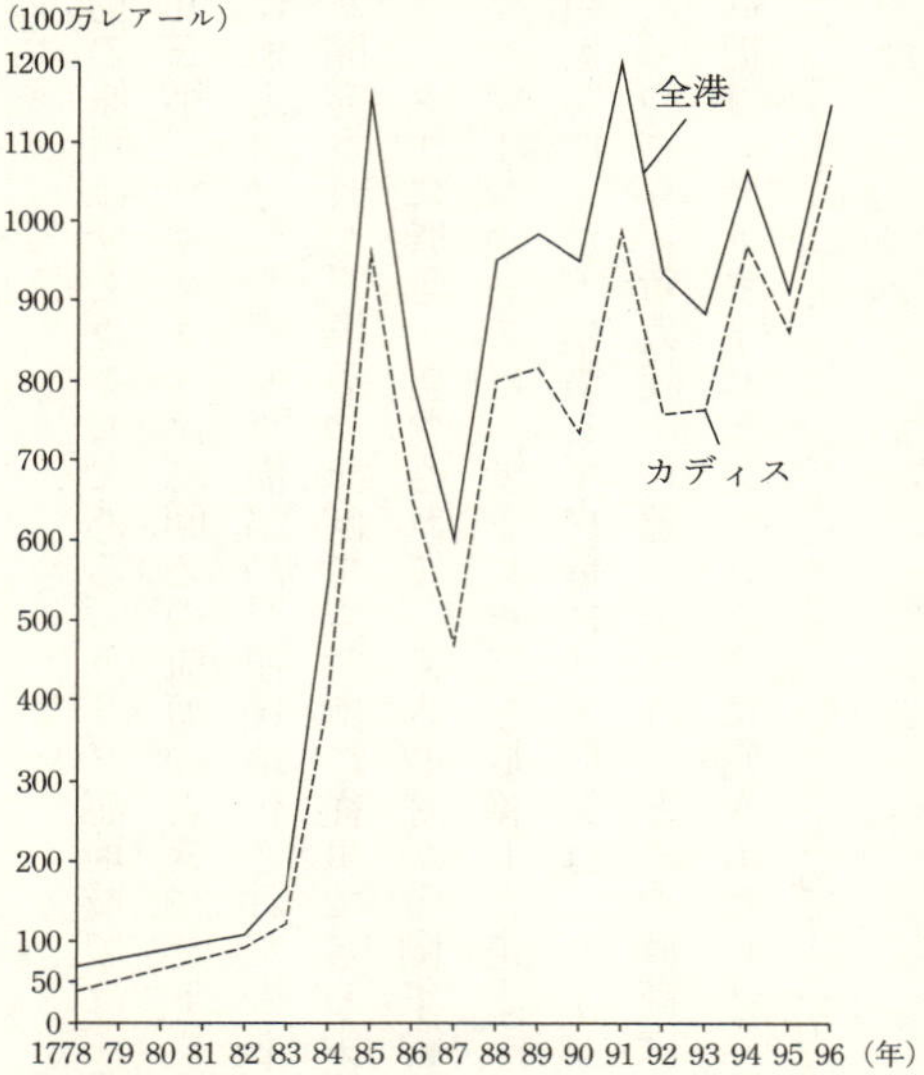

出典：［Fisher 1985：45］

カカオの上陸地

カカオは十七世紀にヨーロッパ市場でも徐々に需要を増していった。大西洋を運ばれたカカオのヨーロッパ上陸の入口は、植民地メキシコの本国スペインの港や、大西洋三角貿易の母港都市である。

本国スペインの港で、カカオのおもな上陸地になったのは、スペイン西部ではカディス港、東部ではバルセロナ港である。新大陸のスペイン植民地から、本国へ搬入される物資の量は一七八〇年代に急増した。その大半は、大西洋に面したカディス港で陸揚げされた（図表1－9）。流入量の半数以上は、金・銀で、カカオ、タバコ、砂糖、インディゴなどがそれに続いた。

一七八二～九六年には、カディス港とバルセロナ港で陸揚げされたカカオは、八億五一〇〇万レアールで（図表1－10）、両港の輸入品の七・八％はカカオだった。大半はグアヤキル産のカカオだった。ちなみに、ベネズエラのカラカス周辺はカカオだけでなく、インディゴの産地でもあったので、カカオとインディゴが一緒に船積みされて、スペイン本国に運ばれることもあった[19]。

このように、十七世紀にスペインの港を通り、ヨーロッパに流入したカカオの大半は、グアヤキル産のフォラステロ種だったと推測される。十七～十八世紀にヨーロッパの人々が味わったカカオの多くはフォラステロ種だった可能性が高い。

大西洋三角貿易の母港都市として、カカオ上陸の入口になった一つに、オランダのアムステルダムがある。スペインの支配下にあったネーデルラントの北部七州にはプロテスタントのカルヴァン派が多く、一五八一年

図表1－10　バルセロナ港・カディス港に入荷されたカカオの量（18世紀）

（単位：1,000レアール）

年	入荷量
1782	775
83	29,342
84	33,663
85	57,141
86	48,833
87	101,488
88	63,984
89	55,437
90	25,465
91	46,064
92	41,788
93	71,014
94	109,982
95	83,394
96	82,967
合計	851,337

出典：［Fisher 1985：52］

に独立を宣言し、一六〇九年にはスペインと休戦条約を結んで、事実上の独立を達成した。その一方で、ネーデルラント南部（現在ベルギーにあたる地域）は独立に失敗し、カトリック国スペインの支配が続いた。

プロテスタントの商人たちは、カトリックの支配から逃れ、オランダのアムステルダムに本拠を移した。国際的な商業、金融の取引はアムステルダムに集中するようになり、十七世紀前半にオランダは近代世界システムの中核の位置を占めるようになった。オランダ東インド会社、西インド会社による国際的な貿易が活発になり、オランダにはアジア、アフリカ、中南米各地から物産が集まった。商業の繁栄に加えて、新世界から流入した物産を加工し、製品化する諸工業が発達し、オランダは商業・工業の両面で優位に立った。

カリブ海において、オランダ西インド会社の拠点になったのがベネズエラのカラカスの沖合にあったキュラソー島である。自由貿易港で、環カリブ海地域の物産を貯蔵する倉庫が林立していた。キュラソー島に集められた物産は、オランダ本国のアムステルダムに向けて出荷された。キュラソー島は中継貿易港として繁栄し、「アムステルダムのローカル・カウンター・パート」といわれたほどだった。カラカスは、十七〜十九世紀を通じて中米の代表的なカカオ生産地で、オランダはベネズエラのカカオを集め、アムステルダムへ運んだ。

イギリスのエリザベス一世は、オランダの独立戦争を支援し、一五八八年イギリスはアルマダの海戦で、スペインの無敵艦隊を撃破した。イギリスは新世界との間の貿易航路を確保し、新世界の物産はロンドンや、大西洋航路の母港であるイングランド西部のリヴァプールやブリストルの港で陸揚げされた。

中南米で船積みされたカカオは、大西洋を北上し、イギリス海峡、北海を通過し、北西ヨーロッパに運ばれた。通過地点にあるイギリスの各港や、最終目的地のアムステルダムに運ばれていったのである。

2章　すてきな飲み物ココア

1　未知の味——カトリックの宗教的論争と医学的論争

ヨーロッパのココア・ロード

カカオを加工して飲む習慣は、十六～十七世紀にスペインから他のヨーロッパ諸国へ広まっていった。砂糖を加えた、甘く熱い飲料は、スペイン、ポルトガルで「cacahuatl」または「chocolatl」と表記されるようになった。[1]カカオを原料に用いて、甘味を加えた飲料をこの章から「ココア」と表記し、ヨーロッパでココア・ロードが南ヨーロッパ型と北西ヨーロッパ型に分岐していった様子をたどってみることにしよう。

ココアが知られるようになっていった時期は、ヨーロッパで茶、コーヒーが普及した時期に重なる。十六〜十九世紀にココアが浸透していった過程は、大きく二つに分けることができる。スペイン・ポルトガル・イタリア・フランスなど南ヨーロッパのカトリック諸国で受容されていった過程と、オランダ、イギリスなど北西ヨーロッパに広まっていった過程である。

スペイン、ポルトガルは十六世紀に中南米に植民地を築き、十六〜十七世紀のカカオの主要生産地をおさえた。オランダやイギリスは十七世紀に東インド会社、西インド会社を興して、海外貿易に本格的に参入していった。先発のスペイン、ポルトガルに遅れたものの、中米カリブ海諸島に、貿易拠点を築き、本国に砂糖やカカオが流入するルートを開いていった。

しかし、十七〜十八世紀の中南米の主要カカオ産地はグアヤキル（現エクアドル）やカラカス（ベネズエラ）で、産地を確保しているスペイン、ポルトガルのほうがカカオの入手には依然として有利だった。十九世紀にはブラジルのバイア地方が産地として成長し、ポルトガルはさらにカカオを廉価で入手できる条件に恵まれた。

カトリック教徒の問い――薬品か食品か

スペイン・ポルトガル・イタリア・フランスなどカトリック諸国で、初期のカカオ消費者になったのは、聖職者や貴族である。カトリックの各修道会は、新世界で布教活動を展開、カトリックの勢力範囲を拡大し、本国の勢力を維持することに貢献した。本国に輸入されたカカオは高価で、入手できるのは貴族層に限られていた（口絵8）。

一六九三年にイエズス会の宣教師がメキシコのバリャドリード（現モレリア）にあったコレジオ（修道会の教育・学術施設）で、本国スペインの修道会宛に発信した報告の書簡がある。そこには、当地のイエズス会はカカオ農園を二つ経営し、合わせて一九万本のカカオの木を所有していること、カカオを売却して得た収入で、現地のコレジオを経営し、学院の施設拡充の費用も捻出《ねんしゅつ》していること等が記されている。一七〇四、一七〇七、一七五一年にも、メキシコ内の他の拠点から本国へ宛てた書簡に、イエズス会が経営していたカカオ農園の状況が報告され、本国の教団維持費を納付していたことがわかる。クリオロ種の原産地オアハカにも、イエズス会が経営するカカオ農園があった。[2] 現地のイエズス会は、布教機関としての機能のほかに、現地産品の生産・交易に積極的に関与し、資金を作る経済的機能も担っていた。[3]

現地のカカオ農園から本国の教団本部に、カカオの実物も納入されていたのだろう。一七二一年にスペインのイエズス会教団施設で、ココアの美味に驚嘆したことが文献にも記されている。[4] イエズス会はクリオロ種の原産地にも農園を所有していたので、美味だったのはクリオロ種だったのかもしれない。ちなみに、十八世紀のスペインでは中米メキシコのソコヌスコ・タバスコ産のカカオが好まれ、南米グアヤキル産は苦味が強すぎるということで、豆のランクは低かった[5]。クリオロ種とフォラステロ種に対する評価の違いがよく表れている。

カトリック修道会の教団運営の資金源として、カカオは不可欠のものだった。ここで論争になったのが、ココアは「薬品か、食品か」「飲み物（液体）か、食べ物（固体）か」という問題である。カトリックには、春のイースター（復活祭）前の四旬節などに断食する習慣があった。「薬品」であれば断食中も摂取「可」、「食品」は「不可」だった。また、「液体」は摂取「可」、固体は「不可」だった。

ココアの宗教的論争

ココアをめぐる宗教的論争は「薬品か、食品か」「液体か、固体か」だった。カカオが栄養価に富み、健康増進に効果的であることは、経験的に認められていた。カカオマスを湯に溶いて、泡立てたドロドロの状態は、液体、固体のどちらにもあてはまりそうだった。栄養が不足する断食期間に、滋養に富むココアを摂取できるほうがカトリック教徒たちには好ましい。一五六九年にローマ教皇ピウス五世は、実際にココアを味わって、「飲料であり、断食中に摂取して可」という判断を示した。

しかし、「脂肪分に富み、体温を上昇させる効果がある」等を根拠に、食品であると主張し、戒律違反を批判する医者が跡を絶たなかった。「薬品か、食品か」という論争は十六〜十七世紀にほぼ一〇〇年間にわたって続いた。砂糖を入れたココアは実際に美味に感じられ、ココアの機能を「薬品」に限定する社会的合意を形成することには無理があったといえよう。

このように、十七世紀に「薬品か、食品か」を問われた新来の産物はカカオに止《とど》まらない。十七世紀には茶、コーヒー、ジャガイモ、トウモロコシ、タバコ、トマトなど、新世界から到来した産品が増えた。社会のなかで新奇な物産をどのようなカテゴリーに位置づけるべきか論争が起きた。未知の味に誘惑されて口にすることを、「悪」とみなす宗教的規範も強かった。エデンの園の「リンゴ」が、人間の原体験として重要な意味を持つ宗教的環境であったから致し方ない。

新来の産物はおもに二つの論争を経て、食品として徐々に受け入れられていった。宗教的論争と医学的論争である。砂糖も同様の過程をたどった。十二世紀に『神学大全』を記したイタリアの神学者トマス・アクィナスは、「砂糖は消化促進に効果がある。薬品である、食品ではない」という結論を述べた。医学的に権威があったイタリア・サレルノの医学校の医学書にも、砂糖に薬効があることが記されていた⑥。

医学的権威に拠《よ》って「薬品」として認められることは、宗教的批判に対抗する手段になった。結論が出ない論争に、聖職者や医者が延々と関わり続けている間に、貴族層は新来の味を試し、美味に慣れていった。需要が増し、新来の産品の流入量が増えて、価格がいくぶん低下し、新来の味は貴族層から市民層に広がっていった。

カカオの医学的論争

カカオは実際に栄養価に富み、薬効があったから、「薬品」として着実に定着していった。当時の医学理論にもとづくと、カカオの薬効はおおよそ次のようなものだった。

中世のヨーロッパでは、体液病理説という医学観で、病気の診断が下され、薬が処方された。体液病理説は、古代ギリシャのヒポクラテスが創始し、ガレノスが発展させたといわれている。人体には、血液、粘液、黄胆汁、黒胆汁の四つの体液があり、バランスが良ければ健康、崩れて病気になる。四つの体液は、「熱」「冷」と「乾」「湿」の組み合わせ四通りのいずれかに分類される。病気を直すには、原因と正反対の薬品が処方された。「熱・乾」がまさって病気が起きている場合は、「冷・湿」の薬が処方された。

カカオをはじめとする新来の産品は、体液病理説にもとづいて、「熱」「冷」と「乾」「湿」の四通りのいずれに該当するか、分類が試みられた。体液病理説によれば、ある一つの物産は、四通りのいずれか一つだけに該当する。二つ以上に該当することはありえなかった。

ところが新来の産品をめぐって、体液病理説に混乱が生じた。たとえばカカオには「冷・乾」と「熱・湿」の両方の性質が見られた。正反対の性格である。それまで、体液病理説では、同一物が正反対の性格を兼ね備えることはなく、学説的にそのようなものはありえなかった。新来の産品のなかには、体液病理説の四つのカテゴリーにうまくはまらないものが出てきたのである。ちなみに、カカオの「冷・乾」は、ポリフェノールの苦味・渋味を表現し、「熱・湿」は脂肪分が多く、ミネラルに富む点を表現したものだろうと考えられている。[7]

スペイン、メキシコ、ポルトガル、イタリア、フランスの医者の間で、ココアは「冷・乾」か、「熱・湿」かをめぐって論争が生じた。処方を必要とする状況が正反対なので、医者にとってても重大事である。

たとえば、スペイン・セビリヤ出身で、メキシコに移住した医師フアン・デ・カルデナスは、一五九一年出版の自著に次のような見解を記した。カカオは本質的に「冷・乾」である。摂りすぎると、体液の循環が悪くなり、憂鬱質《ゆううつしつ》が増す。摂りすぎを節制しなければならない。栄養に富み、脂肪が多い点は「熱・湿」である。かすかな苦味も感じられ、これは「熱・乾」を示唆している。この苦味成分は、胃の消化を促進する。カカオには、異なる三つの性格が認められる。すぐれた薬材なので利用したほうがよい。ココアに加える香辛料で調整して、カカオの三つの性格のうちのいずれかを際だたせるように処方するとよい。[8]

体液病理説にもとづく医学観では、カカオの多様な効能を筋道をたてて説明することは難しく、その後も医者の論争は続いた。やがて、医学そのものが体液病理説を脱して、血液循環説へと移行していった。

カカオ、ココアの受容をめぐって、このように聖職者や医者が介在して、長期にわたる論争を繰り広げた。カカオに関心が集まり、社会的に浸透しつつあったことの反映だったといえよう。

2　ココアに惹きつけられた人々——ココアと階級

貴族層の受容——ココアと権力のパフォーマンス

カカオが「冷・乾」であるか、「熱・湿」であるかはともかくとして、健康増進に効果的であることは経験的にも支持され、カトリック諸国の貴族の間でココアは「薬品」として、飲む習慣が広まっていった。

スペイン宮廷では、すでにカルロス一世の時代（一五一六〜五六）に、征服者コルテスからカカオについての報告が届いていた。次のフェリペ二世の時代、一五八〇年にスペイン王はポルトガル王も兼ねることになり、「太陽の没することなき大帝国」が出現した。のちにポルトガルの宮廷には、「チョコラテイロ」と呼ばれる宮廷ココア担当官が設けられた。宮廷ココア担当官には二つの役割が課せられた。一つはロイヤル・ファミリーや宮廷貴族にココアを供する責任、もう一つはポルトガル軍のために設けられた王室病院でカカオを処方し、カカオを備蓄する責任である。(9)

宮廷ココア担当官の役割には、宮廷でココアを供するとき、豪華に演出することも含まれていた。十七世紀のスペイン宮廷では、王女が主催した軽食会で、ココアが出され、そのときテーブルには、豪華に盛りつけた砂糖菓子、数種のコンフィチュール（果物の砂糖漬け）、ビスケット、砂糖壺が並んでいた。ココアは磁器製のカップに注がれ、受け皿は瑪瑙《めのう》製で、金の縁取りがしてあった。客は、高価なカップで、ココアを堪能《たんのう》し、ビスケットをココアにひたして食べた。(10)

カカオは高価な到来物で、客に提供できることは経済力のあかしだった。ココアだけでなく、茶やコーヒーの場合も同様で、経済的資源や権力を有していることを最大限にアピールするパフォーマンスが繰り広げられた。そのような場面に欠かせないものの一つが砂糖だった。舶来の砂糖をふんだんに用いたデコレーションや、豪華に盛りつけた砂糖菓子は権力のシンボルだった。(11)砂糖やココア、ポットやカップを周到に準備して、権力パフォーマンスの場面を演出し、取り仕切ったのが宮廷ココア担当官である。

また、宮廷ココア担当官は医学的知識を持ち、王室病院でポルトガル軍兵士へのカカオの処方に関わった。のちにブラジルのバイア地方がカカオ生産地として成長し、ポルトガルはカカオをふんだんに入手できる条件に恵まれた。滋養に富むカカオを傷病兵の治療に用い、また、カカオマスからココアバターを抽出し、皮膚薬として患部に塗布した。ポルトガルは熱帯、亜熱帯に植民地を多く擁していたが、本国とは異なる気候で、多くの兵士が皮膚病を発症した。植民地の軍病院、ポルトガル海軍の軍船には、ココアバターが皮膚病の治療薬として常備された。(12)

宮廷ココア担当官は、カカオを通じて二つの役割を担い、二つの階級に関わった。貴族階級と、植民地で軍役に従事する兵士階級である。二つの階級にカカオの効能を伝え、帝国の政治力・軍事力の維持に貢献していたのである。

ココアと重商主義——ルイ十四世のココア戦略

フランスでも、十七世紀のカカオ消費の主役は聖職者と、宮廷貴族だった。やはり「薬」としての利用が中心だった。一六四三年にパリの医師が出版した本に、リヨンの枢機卿《すうききよう》アルフォンス・ド・リシュリューに、この医師がココアの処方をアドバイスしたことが記されている。(13) 枢機卿リシュリューは、ルイ十三世の宰相リシュリューの兄である。枢機卿は、脾臓《ひぞう》の調子がすぐれず、憂鬱症に悩んでいたという。

一六四三年に即位したルイ十四世の治世に、フランス宮廷にココアが浸透した。ルイ十四世は、一六六〇年にスペイン・ハプスブルク家の王女マリ・テレーズと結婚した。マリ・テレーズは、マドリードの宮廷からスペイン式のココアを作ることができる侍女をともなって、輿入《こしい》れしてきた。フランスでもココアを愛飲し、やがて宮廷の女性たちの間に、薬としてココアを嗜《たしな》む習慣が広がっていった。

宮廷におけるココア常飲の習慣は、次のような政治的・経済的状況のなかで促進された。ルイ十四世の時代に、財務総監のコルベールによって重商主義政策が実施された。集権的官僚制によって国家経済力の強化が図られ、政商の成長が支援された。ココアについても同様で、マリ・テレーズとの結婚に先立つ一年前の一六五九年に、ルイ十四世はトゥルーズのダヴィッド・シャリューにココアを独占的に製造・販売する勅許を与えた。トゥルーズはスペイン国境に近く、南フランスの交易の中心都市である。中南米からカカオが入荷するスペインのバルセロナ港にも近い。シャリューに与えたのは二九年間の独占権である。この間にカカオ取引・ココア製造を得意とする商人が成長し、国家財政に還元することが望ましかった。貴族層にココア消費の習慣が広がることは、国家財政が潤沢になることにつながる。(14)

重商主義は、国内産業を育成するため、輸入品に高い関税をかけた。シャリューに独占権が与えられていた一六八〇年代末まで、フランス国内のカカオ価格は高いまま維持された。そのため十七世紀後半に、フランスでココアを堪能できるのは貴族が中心だった。

貴族の女性たちは、ココア用のポットやカップに凝った。専用のポットは「ショコラティエール」という。ココアは泡立てて飲むため、縦長の攪拌棒（モリニーリョ）がついた独特の形をしたポットである（図表2－1）。当初は銀で作られたが、フランスでは陶器・磁器の花柄模様がもてはやされるようになった。[15]

図表2－1　ショコラティエール（所蔵：The Chocolate Museum, Bruges, Belgium）

受け皿も発達した。マンセリーナと呼ばれる、立ち襟状の輪がついた磁器の皿である。茶《ちゃ》碗《わん》がすべって、ドレスにココアがこぼれることを防ぐために考案されたという（図表2－2）。

華やかな雰囲気のなかで、高価な器を鑑賞しつつ、美味を堪能するのは、ぜいたくな楽しみである。たとえば、紅茶をいただくティー・パーティでは、「ティー・コンプレクス」(茶器・スプーンなど茶会に用いるさまざまな道具)が権力・経済力を誇示する機能を果たした。器は権力パフォーマンスの重要な脇役《わきやく》だった。日本の茶会で、由緒ある茶碗で抹茶をいただき、茶器・掛け軸等を鑑賞するのと同じである。

図表2－2　マンセリーナと呼ばれるココア用受け皿とカップ(所蔵：The Chocolate Museum, Bruges, Belgium)

特別の品を他人に見せて、満足感を覚える消費のスタイルを誇示的消費という。フランスでは、十七世紀後半に華やかな消費のスタイル、誇示的消費の文化が発達した。ココアをめぐって、たんなる「薬品」「食品」に止まらない、プラスアルファを楽しむ、独特のココア文化が花開いたといえよう(図表2－3)。

市民向けココアの先駆け——フレンチ・バスク地方

十七世紀後半のフランスで、ココアを

図表2－3　ショコラティエールで供されるココア（所蔵：The Chocolate Museum, Bruges, Belgium）

味わえるのは貴族層に限られていたが、例外的な地域があった。スペインと国境を接するフレンチ・バスク地方である。中心都市はバイヨンヌである。ここで、カカオ加工技術を担ったのは、ポルトガルから亡命してきたユダヤ人たちであった[16]。

従来、イベリア半島のカトリック諸国はユダヤ人に寛容で、経済・社会面でユダヤ人が活躍していた。しかし、十六〜十七世紀にカトリックの異端審問が厳しくなり、バスク地方に逃れてくるユダヤ人が増えた。十七世紀にバイヨンヌではユダヤ人の人口が増えた。

独自の交易ネットワークを有していたユダヤ人はスペインのカディス港に荷揚げされたカカオ豆を入手し、一六八七年にはバイヨンヌ市内で、ココアを製造・販売するようになった。これはちょうど、ルイ十四世がシャリューに与えていた独占権が切れる時期にあたる。

一六八〇年代に政商の独占権が切れて、市民層にココアの味が広がりはじめた。バイヨンヌはその先駆けだった。スペイン・バスクに接する南フランス一帯は、フランスにおける市民向けのココア揺籃《ようらん》の地だったといえよう。

これはちょうどフランスのカリブ海植民地から、本国にカカオ豆が流入しはじめた時期に重なる。フランスが植民地マルチニーク島にカカオを植栽したのは一六六〇年ごろで、一六七九年にマルチニークから本国にカカオが入ってくるようになった[17]。コルベールの重商主義によって、海外植民地における特産品の育成が奨励された。一六八〇年代にカカオや加工食品にその効果が現れはじめたのである。

ココア職人のギルド

一六九三年には、フランス国内におけるカカオの取引や、ココアの販売が自由化された。一六九四年には、海外から輸入されるカカオの関税が引き下げられた。市民層にココアが本格的に普及していく時代が始まった。

それに先立つ一六七六年にフランスではカフェのオーナーのギルドが結成された。一六八二年に書かれたパリのカフェを舞台にした芝居では、店内の設定について「ビスケット、マカロン、コーヒー、アイス・ココア」が描写されている。アイス・ココアとは、シャーベット状にしたココアである。この時期はスイーツとして嗜好されたのではなく、まだ「薬」と

図表2－4　18世紀のココア製造工場（ディドロ、ダランベール『百科全書』1751～72。出典：Coe & Coe 1996：223）

して利用されていた。

一七〇五年に、カフェのギルドでは、販売可能な品目を増やした。パンや菓子と並んで、カカオやバニラを用いた菓子が登場するようになった。パリのカフェではココアが大人気になり、一七一〇年には「飲み物の女王」「神々の飲み物」と称されるほどの売れ筋になった⑱。

需要の拡大にともなって、カトリック諸国では、カカオ加工を専門とする職人のギルドが結成された（図表2－4）。フランスのバイヨンヌでは一七六一年にカカオ加工業者のギルドが作られた。スペインのマドリードでは一七七三年にギルドが結成され、一五〇〇人前後の職人がいたという。石のメターテを使って、カカオをすりつぶすことを生業にした。カカオ流入量の増加にともなって、職人の世界でも新しい職種が生まれ、十八世紀に新しいギルドが誕生したのである。

南ヨーロッパのカトリック諸国では、この新たな職種は長く存続した。たとえば二十世紀に入っても、スペインのバルセロナでは次のような光景が見られた。「カタロニア地方のチョコレート職人が仕事するところを見た。バルセロナには、いまだに石臼《いしうす》でチョコレートを挽く工場というか仕事場が、四、五軒残っているのだ。職人は、大人がまっすぐに立てないくらい狭い中二階で、小さなクッションの上にひざまずき、人々が見ている前で仕事をしていた。これは買い手に、自分が買おうとしているチョコレートが本当にメタートを使い、然《しか》るべき手順にのっとって、つまり混ぜものを加えにくいやり方で作られているところを見せるためだった」[19]（図表2－5）。

ヨーロッパのギルドには、遍歴職人も多く含まれていた。カカオ加工の職人のなかにも、地方の家々を回って、カカオ豆を挽くことを生業にする者がいた。地中海のシチリア島は、

図表2－5　メタートを扱う職人（出典：Coe & Coe 1996：238）

一五〇四年以降スペイン統治下におかれ、スペイン文化の影響を強く受けた地域である。シチリア南部では、そのような職人は「チュッラタール」(ciucculattaru、シチリア方言)と呼ばれた。南部のモディカの町では、メターテを馬車に積んで、家々を回ってカカオ豆を挽く職人の姿が十九世紀にも見られた。モディカの町では、いまなお、その伝統を引き継いでカカオを加工し、カカオマスから油脂を取り除かず、加熱しない製法を守り続けている製菓業者がいる[20]。

3　プロテスタントとココア・ロード

ココア製造マニュファクチュアの基盤

南ヨーロッパのカトリック諸国とは異なるココア・ロードを切り開いていったのが、オランダやイギリスなどの北西ヨーロッパの国々である。オランダは一六〇九年に事実上の独立を達成し、プロテスタント国家になった。イギリスも一五五九年にイギリス国教会の体制を確立し、カトリック教会と袂《たもと》を分かった。両国は十七世紀に本格的に海外貿易に乗り出し、かつ国内の産業化を進めた。北西ヨーロッパに上陸したカカオは、南ヨーロッパのカトリック諸国とは異なる経済的・社会的環境のなかで、近代的な加工技術が施され、食品としての価値を上昇させていった。

その先駆けはオランダだった。オランダのカカオ入手ルートの拠点になったのは、カリブ海のキュラソー島である。「オランダ人はベネズエラの主要なカカオ農園に至る道すべてに通じている」と評されるほど、ベネズエラのカカオ輸出に深く関わった。[21]

カラカス（ベネズエラ）から出荷されるカカオの輸出量は、十七世紀はメキシコ向けが一位、スペイン向けが二位だったが、十八世紀に入ると逆転し、スペイン向けが急増して一位になった。ベネズエラからオランダ、イギリス、フランス向けの直接輸出も増加した。[22]

キュラソー島からアムステルダムに出荷されたカカオの量は、一七〇一年には五〇〇〇ポンド程度だったが、一七五五年には四八万五〇〇〇ポンドまで増加した。オランダ商人のなかには、北米オランダ領のニュー・アムステルダム（一六六四年からイギリス領ニュー・ヨーク）に拠点をおき、大西洋のカカオ貿易に関わった者もいる。キュラソー島でカカオや他の産品を積み込んだ交易船は、北米のニュー・アムステルダムに寄港し、大西洋を横断したのち、本国のアムステルダムに入港した。[23]

オランダは中継貿易に巧みで、イギリスに先駆けて、海外貿易の拠点を確保し、アジア貿易も独占していった。アムステルダムには東洋、中南米の産品が集まった。イギリスは十七世紀後半、オランダに対抗し、重商主義路線を強化していった。

ヴァン・ホーテンの工夫

十八〜十九世紀にオランダ本国に入荷するカカオ量は増加した。オランダでも、市民向けにココアを提供するコーヒー・ハウスやカフェが増えた。市民層はココアの味を覚え、ココアの需要が増加した。アムステルダムにはココアを販売する業者が現れるようになった。そのなかの一人に、カスパルス・ヴァン・ホーテンがいた。ヴァン・ホーテンは、一八一五年にライセンスを取って、アムステルダム市内の運河沿いの小さな工場でココアの製造・販売を始めた。カカオ豆を焙煎し、石臼で挽き、固形にかためて売った。

風車が発達していたオランダでは、大型の石臼を使って、穀物や豆を粉砕することが日常的に行われていた。ヴァン・ホーテンの店でもカカオ豆の粉砕に石臼を使った。人力で回す石臼で、そのために労働者を雇い、数人で石臼のてこを押して、豆を挽いた。

豆を挽くと、カカオマスができあがる。カカオマスから油脂を分離させる発想はまだなかった。ココアの塊を湯に溶くと、カカオマスから油脂が出て、湯に浮いて飲みにくい。ココアを煮立て、表面に浮かんだ油をすくい取ることもあったという。油脂を安定させるために、製造業者はカカオマスに、砂糖、バニラ、シナモン、でんぷんなどを混ぜた。ときには卵をつなぎに混ぜることもあった。ココアはまだ渋くて、くどい飲み物だった。

ココアが普及し販売量が増えると、もっと飲みやすくする工夫が必要になってきた。油脂の取り扱いが課題だった。カカオマスから油脂量を減らす方法を考え出したのが、カスパルスの息子のコンラート・ヴァン・ホーテンである。コンラートには化学や機械技術の知識を習得する機会があったらしい。十七〜十九世紀にココアは、薬品として販売され、他の薬剤と調合されることも一般的だった。カカオ加工・ココア販売に関わる者と、薬学・化学的知識を持つ者には深い関わりがあった。

コンラートの創案による重要な改良が二つある。一つはカカオマスから余分な脂肪分を取り除く「脱脂」の方法、もう一つはポリフェノールのため酸味・渋味が強いままのカカオマスを中和し、おだやかで口当たりのよいものに変える「アルカリ処理」の方法である。この二つのアイデアによって、近代のココアが生まれた。

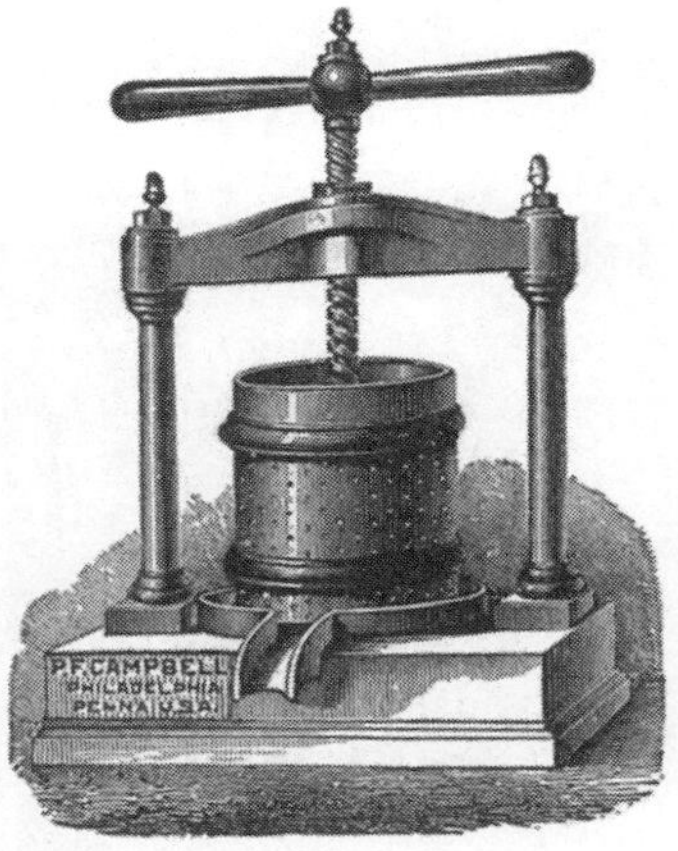

図表2－6　初期のカカオマス・プレス機　カカオマスから油脂を搾り出す（出典：Grivetti & Shapiro, eds. 2009：614）

コンラートは、カカオマスをプレス機にかけて、脂肪分が五〇％余のカカ

図表２－７　アムステルダム郊外のウェースプのヴァン・ホーテン社ココア工場（著者撮影。タイル画。Weesp Old Town Hall Museum, Netherlands）

オマスからココアバターを搾り出し、二五％程度まで軽減する方法に成功した（図表２－６）。油脂量が少なくなり、固くしまったカカオマスの塊ができた。これを粉砕すると、以前より細かい粒子状のココア・パウダーができた。ヴァン・ホーテンの店は、一八二八年にこの発明の特許を取り、一〇年間の特許期間を確保した。

このようにしてできたカカオマスは酸味・渋味が強く、化学的には酸性がまさっていた。そこで考案されたのが「アルカリ処理」である。酸性のカカオマスにアルカリ塩（炭酸カリウムまたは炭酸ナトリウム）を加える。化学変化によって、ココア・パウダーと水

図表2－8　ココア製造マニュファクチュア（所蔵：The Chocolate Museum, Bruges, Belgium）

の相性が改善され、水に混ざりやすくなる。酸味も軽減された。水になじんでざらつき感が少なく、味もまろやかで風味のよいココアが誕生した（口絵9）。

この二つの改良によって、ココアは格段に飲みやすいものになった。ココアの売れ行きを順調に伸ばしたヴァン・ホーテン社は、一八五〇年にアムステルダム市内から三キロ程度離れた郊外のウェースプに工場を移転させた（図表2－7）。動力源として、蒸気機関を使うようになり、人力によるカカオ豆の粉砕から脱却した。運河沿いの広い敷地に工場をレイアウトし、近代的工場の操業が本格的に始まった[24]（図表2－8）。

近代ココアの誕生

アムステルダム市内では、住居が密集し、運河沿いの狭い敷地では、生産力の高い工場を稼働させることは難しかった。しかし、郊外であれば、充分な敷地面積を確保し、蒸気機関を備えた工場で増産に対応することが可能だった。当時のウェースプには、陶器製造業、タバコ製造業、綿工業の工場があり、陶器はヨーロッパ各国に輸出するほどの地場産業だった。十九世紀半ばに、アムステルダム郊外のウェースプには本格的な近代工業の集積地が形成され、ヴァン・ホーテン社のココア製造業もそこに加わった。

生産体制を整備した次には、販売網を拡大して、売り上げを伸ばすことが目標になった。一八七六年に社長に就いたコンラートの娘婿は次々と広告の新機軸を打ち出していった。時代は新しい技術を求めていた。各国で博覧会が開かれるようになり、新しい技術力をアピールする機会になった。ヴァン・ホーテン社は一八八九年のパリ万国博覧会、一八九三年のシカゴ万国博覧会に、機械設備と製品を出品した（口絵10）。ヴァン・ホーテン社の広告をつけたトラムを走らせたり、十九世紀末には広告フィルムも作成した。現代でもよく知られているVHのロゴマークの商標登録化もヴァン・ホーテン社が先駆けである。二十世紀のモデルとなる積極的な宣伝活動を展開した。

また、本拠地ウェースプの工場周辺には、労働者のための住宅地整備を手がけた。労働者が増加して、十九世紀後半にはウェースプの人口は二倍に増加した。環境のよい郊外に、工場と住宅を近接させる田園都市型の労働者居住地の先例を作った[25]。

早期にカトリックの支配を脱し、産業化、資本主義化の基盤が整備された北西ヨーロッパで、ココア製造のような食品工業が成長していった。十九世紀にヴァン・ホーテン社は、工場の近代化、機械設備の進展、販売網の開拓、労働環境の整備の諸点において、先駆けとなる取り組みを行っていたのである。

3章　チョコレートの誕生

1　イギリスの市民革命とココアの普及

ピューリタンの時代とココア

イギリスでココアが飲まれるようになったのは、ピューリタンの時代である。一六四二年に、ピューリタン革命が起き、オリヴァー・クロムウェルがピューリタン中心の鉄騎隊を率いて、四九年に国王を処刑し、政治の実権を握った。クロムウェルはジェントリ層の出身だった。ジェントリ層は、それ以前に政治権力を握っていた大地主貴族とは異なり、イギリスの地方社会で中小地主として、着実な農業経営を進めることによって台頭してきた層である。地方の行政職・名誉職を務め、名望家層として地域社会の要《かなめ》になっていた。このようなジェントリ層がイギリス政治を動かす時代が到来した。

ジェントリ層を代表するクロムウェルが政権を掌握して推進した政策の一つは、イギリスの重商主義化である。海外貿易で優位にあったオランダに対抗するため、航海法を制定した。イギリス本国およびイギリス植民地と、原産地との間の産品の運搬について、輸送手段はイギリスの船か、原産地の船に限ることに決めた。オランダを中継貿易から排除し、イギリスの交易力、海上支配力を強化するための法案であり、海外貿易に従事するイギリス商人を優遇することになった。

また、獲得した海外植民地では、本国では生産できない農産物のプランテーション開発を支援した。白人プランターの経営によって生産・出荷された産物は、イギリス商人の船によって本国に運ばれ、利益を上げた。

十七世紀後半のジェントリ層の台頭は、次のような一連の社会的事象と密接に関連している。国内地主による農業生産力の向上、国内農産物の保護、海外市場の開拓、貿易商人の成長、植民地の白人プランターへの支援、本国へ輸入されるプランテーション作物の特恵的扱い、海外プランターの利益拡大などである。

カカオについても、重商主義の推進によって、海外植民地から本国への輸入ルートが開かれた。一六五五年に、イギリスはスペインからジャマイカを奪い取った。このときすでにジャマイカでは、スペイン人によってカカオ・プランテーションが経営され、一定の生産量があった。一六五〇年代後半に、イギリス植民地になったジャマイカから、カカオが輸入されるようになった。(1)

新聞に出された広告から、一六五七年にはロンドンにココアを売る店があったことがわかる。一六五九年のある店の広告には、ロンドンのビショップゲート・ストリートと、クイーンズヘッド・アレーが交差する一角にフランス人経営の店があり、「西インド渡来のすばらしい飲み物」ココアを販売していること、薬品としての効能があること、その場でも飲めるし、材料を持ち帰ることもできることなどが記されている。

王政復古期のココア

一六五八年に護国卿クロムウェルが亡くなった。クロムウェルの時代に、ピューリタン的道徳が強制され、国民の間にはそれに倦《う》む空気も強かった。フランスに亡命していた先王の子が、一六六〇年に国王として迎えられることになり、チャールズ二世として即位した。海外貿易のライバルであるオランダに対抗するため、ポルトガルとの関係強化が図られ、チャールズ二世はポルトガル王室から妃《きさき》を迎えた。

妃キャサリンがポルトガルから持参したものには、一塊の茶や、船七隻分の砂糖があった。

砂糖はポルトガル植民地のブラジルで生産されたものである。キャサリンは優美な茶器や、東洋の磁器も持参し、茶を愛飲した。王室をまねて、上流階級の女性たちは茶を嗜むようになり、ティー・パーティが浸透した。

ポルトガルのリスボンには、新世界から文物が流入し、中南米からカカオも入荷していた。ポルトガル宮廷にはココア担当官の職が設けられ、王室一族のココアを手配していたから、キャサリンもポルトガルでココアを飲んだ経験があっただろう。

チャールズ二世も、薬としてココアを飲むようになった。のちに宮廷侍医になった人物は、一六六二年に出版した医学書で、ココアに熱帯のスパイスを加えて、これを一日に二回飲むことを勧めている。チャールズ二世にもココアを処方し、カラカス産のカカオを推奨している(2)。

王政復古期は、クロムウェルの時代の反動で、ピューリタン的な厳しい規範がゆるみ、富裕なジェントリ層・市民層に奢侈《しゃし》を享受する雰囲気が生まれた。新来の文物が富裕層の生活に取り入れられ、新たな社会的習慣が形成されていった。このような人々が新来の茶・コーヒー・ココアの味を楽しんだ。詳細な日記を残した海軍士官のサミュエル・ピープスも一六六四年五月三日に、朝食にココアを飲んだことを記している。宮廷侍医が勧めていたように一日に二回ココアを飲むには、朝のうちに一杯飲んでおくのが適当だったのかもしれない。

図表3-1　新世界から到来した3つの新しい飲み物　トルコ人（コーヒー）、中国人（茶）、アステカ人（ココア）（Dufour, 1685, *Treatise on Coffee, Tea and Chocolate*〔デュフール『コーヒー、茶、ココアについての新奇な論考』1685年〕出典：Coe & Coe 1996：167）

コーヒー・ハウスと政治

ピューリタン的規範が弛《し》緩《かん》したことにより、人々の行動には自由の幅が広がった。そこで隆盛するようになったのがコーヒー・ハウスである。一六五〇年にオックスフォードにオープンしたコーヒー・ハウスがイギリスの草分けといわれている。一六五二年にはロンドンにもコーヒー・ハウスができた。都市部でコーヒー・ハウスが大流行し、十八世紀前半にはロンドンには数千軒のコーヒー・ハウスがあった[3]。

そのような場で、コーヒー、茶、ココア、タバコなどの新来の文物が提供された。コーヒー、紅茶、ココアがイギリス社会に流入した時期はほぼ等しい（図表3-1）。ロンドンでココアを売る店の広告が出た一

図表3－2　1700年ごろのロンドンのコーヒー・ハウス（出典：Coe & Coe 1996：171）

六五七年に、ロンドンのコーヒー・ハウス「ギャラウェイ」でも茶が売り出された。茶の売り出しが確認できる最初の事例といわれている。イギリスへ流入する新世界の物産の種類は多様化しつつあった。都市部のコーヒー・ハウスは、世界各地の植民地を拠点に、交易を拡大させているイギリスの経済力が感じとれる場所だったといえよう。

コーヒー・ハウスは一般的に、建物の二階にあり、複数の大きなテーブルが置かれていた（図表3－2）。新聞を読むことができ、顔見知りの客同士は会話を楽しんだ。似通ったタイプの客が集まりやすい雰囲気があったという。社会的関心が類似した常連客が情報を交換し、社会的交流の結節機関の役割を果たすようになった。

たとえば、保険業で有名なロイズ社は「ロイズ」という名のコーヒー・ハウスが出発点である。十七世紀後半にコーヒー・ハウス「ロイズ」の経営者だったエドワード・ロイドは、船舶の入港時期や、船荷の入荷時期を記載したリストを作って、常連客に配布した。船主や商業関係者、海上保険を売る業者がこのコーヒー・ハウスに集まるようになり、のちに企業に発展した。

さらに、イギリスのコーヒー・ハウスが果たした重要な機能の一つは、政治的結社が誕生する培養器の役割を果たしたことである。即位したチャールズ二世は専制的な姿勢を強め、カトリックに復帰する傾向を見せたため、ジェントリ層・市民層がそれに対抗し、一六六〇〜七〇年代には政治的な緊迫が続いた。街なかのコーヒー・ハウスに、政治的同志が集まり、活発な政治的議論を交わした。カトリックの政治的復活を企てる国王に対し、議会は国教徒を優遇し、市民的自由を保障する法律（審査法、人身保護法）を成立させていった。

一六八〇年前後には、王弟ジェームズの王位継承をめぐって、賛成派がトーリー党、反対派がホイッグ党を結成した。トーリー党が集会の本拠として使ったのが「ココアの木」という名のコーヒー・ハウスである。ホイッグ党は「セント・ジェームズ・コーヒー・ハウス」だった。一六八八年にトーリー党、ホイッグ党は結束して、名誉革命を成功させ、王権に対抗する議会主権を確立した。市民的権利を伸長させるため、ジェントリ層・市民層がネットワークを形成する社会的基盤の一つがコーヒー・ハウスだった。

トーリー党の「ココアの木」に象徴されているように、コーヒー・ハウスはジェントリ層・市民層が政治的、経済的に台頭しつつあることのシンボルだったといえよう。そこで提供されるココアなどの新しい飲み物は、薬品として個人の健康増進に貢献し、かつ社会に新しい潮流を生み出すことに関わっていたのである。

2　重商主義のイギリスと貿易体制

茶・カカオと利益集団

政治的に台頭しつつあるジェントリ層・市民層の経済的基盤の一つが、海外との貿易だった。十七〜十八世紀のイギリスで追求された重商主義を代表する交易品が、茶や砂糖である。

茶、コーヒー、ココアのうち、十八世紀のイギリス社会に最も浸透していったのは、茶である。イギリスに茶が入荷しはじめた当時、それらはオランダがジャワのバタビアで仕入れたものだった。一六六九年に、イギリスはオランダから茶を買い付けることを禁止した。東南アジアで代替ルートを探索する一方、中国のアモイやマカオに設置したイギリス商館を拠点に、中国からの直接買い付けルートを開拓していった。

十八世紀に入ると、茶の輸入量は増えはじめた。茶の貿易を独占したのは、イギリス東インド会社である。茶は高価だったが、一七二三年に茶の関税は二〇%引き下げられ、一七四五年には関税は卸売価格の二五%に制限された。十八世紀に関税が徐々に引き下げられたことにより、一七〇〇〜五七年の間に、イギリスの茶の年間平均輸入量は四倍以上に伸長した。一七六〇年にはイギリス東インド会社の総輸入額の約四〇%を占めるまでになった。

このように需要の増加と関税の引き下げの相乗効果で、イギリス国内の茶の小売価格は、十八世紀前半の半世紀で半額程度にまで下がった。高値感はなおあるものの、労働者階級に手が届く価格になった。茶については、中国という主要産地を確保し、イギリス東インド会社が主要取扱業者として交易を掌握し、十八世紀に安定供給のしくみが形成された。

これに対して、カカオの場合、十七〜十八世紀にイギリス本国にカカオを送り込む海外主要産地や、カカオに特化する利益集団は形成されなかった。イギリス領カリブ海諸島のうち、カカオの生産・輸出を行っていたおもな産地は、ジャマイカ島、トリニダード島、セントルシア島、グレナダ島などである。いずれの島でもサトウキビ・プランテーションが開発されていた。イギリスと他国の間で、領有をめぐる争奪が繰り返された産地もあり、安定したプランテーション経営が難しい場合もあった。

十七〜十八世紀に、これらの島々ではハリケーンなど気候や病虫害の被害でカカオ生産が

図表３－３　イギリス領カリブ海諸島における
19世紀のカカオ生産量

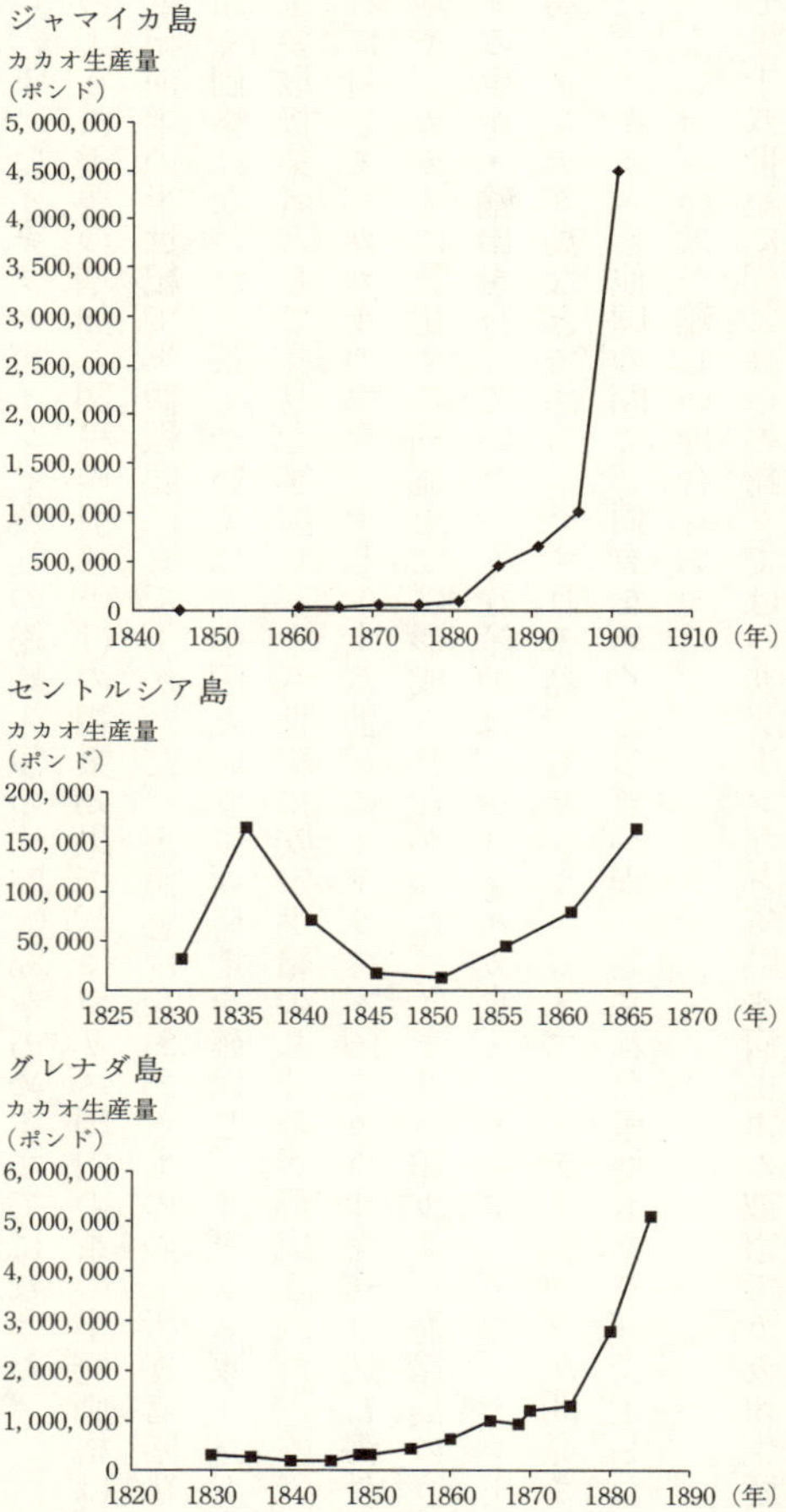

出典：［Momsen & Richardson 2009 : 483-485］

安定しない時期が続いた。トリニダード島では、ハリケーンでカカオ・プランテーションが全滅したこともあった。カカオ・プランテーションが立て直されることもあったが、サトウキビ・プランテーションに転換した例もある。カカオよりもサトウキビのほうが、栽培・生産が安定していたのだろう。コーヒー栽培に切り替えられることもあったし、コーヒーとカカオの混合プランテーションが経営されることもあった。[4] 十七～十八世紀にイギリス植民地から輸入されるカカオ量は多かったわけではない。

労働力は常に不足しがちで、このような生産地では黒人奴隷の移入が続いた。栽培・生産方法の安定性、利益率が考慮されて、植え付け作物や黒人労働力の投入先が選択されていった。

他国植民地からイギリスに流入するカカオには重い関税がかけられていた。イギリスに入荷するカカオの輸入環境が変わったのは十九世紀に入ってからである。一八三二年にカカオの関税が軽減された。イギリス領カリブ海諸島におけるカカオ栽培も安定するようになり、十九世紀後半には生産量が拡大し、本国への主要なカカオ供給地に成長した（図表3－3）。十九世紀以前にカカオと茶では、産地をめぐる状況や、生産・交易に関わる利益集団の状況が異なっていたのである。

砂糖と利益集団

イギリス重商主義は、保護貿易の強化に展開していった。イギリス海外植民地で生産されるプランテーション作物の生産・加工をめぐって、強力な利益集団が形成されていたのは砂糖である。十八～十九世紀にイギリス議会下院には「西インド諸島派」と呼ばれる議員グループがあった。四〇名程度の議員を擁していた時期もある。(5)「西インド諸島派」はカリブ海植民地でプランテーションを経営する砂糖プランターが支持基盤で、保護貿易擁護を強力に主張する集団だった。

イギリスにおける砂糖の主要生産地は、カリブ海のイギリス領植民地である。十七世紀前半にバルバドス島、ジャマイカ島でサトウキビの栽培が始まった。カリブ海地域ではサトウキビは自生していなかったが、植民地化によって、白人プランターが経営するサトウキビ・プランテーションが次々と開発された。イギリス領カリブ海諸島のサトウキビ栽培が本格化するのは十七世紀半ば、砂糖輸出量が激増するのは十八世紀後半である。本国では植民地からの砂糖の輸入に数々の保護法が適用された。砂糖の製造・交易は白人プランターたちに莫《ばく》大《だい》な富をもたらした。

熱帯のプランテーションでは、サトウキビを収穫したあと、搾り出した液体を煮詰め、褐色の粗糖の状態でヨーロッパへ出荷した。精製して白糖にする作業は、ヨーロッパの陸揚げ地で行われた。大西洋三角貿易の母港リヴァプールやブリストルには、精糖工場や、砂糖プランターの豪壮な本国邸宅が建ち並んだ。莫大な利益はプランター集団が独占し、リヴァプールやブリストルの港湾都市は繁栄した。一七六〇年にイングランドで人口五万人以上を超えていたのは、ロンドン以外では、港湾都市のブリストルと工業都市のマンチェスターだけだった⑥。

植民地の砂糖プランターたちは、本国イギリスと密接な関係を維持した。豊かな経済力を背景に、本国に邸宅を構え、子弟の教育はイギリスで行った。やがて、イギリス本国に居住の本拠を移し、植民地の不在地主プランターになった。本国でジェントリ層の一部を構成するようになり、議会下院に代表者を送り込んだ。

イギリスではジェントリ層が議会主権を確立し、政治・経済の実権を握るようになっていた。「西インド諸島派」によって、不在地主プランター層の利益は擁護され、砂糖の交易に関わる保護政策は継続した。保護立法によって、関税や輸入品の価格をコントロールし、国内産業・海外植民地の産業を保護・育成する貿易のしくみを保護貿易という。

保護貿易体制から自由貿易体制へ

カカオにかけられていた関税が軽減された十九世紀前半は、イギリスの貿易体制が大きく転換した時期である。重商主義から生み出された保護貿易が、自由貿易へ切り替えられていった。自由貿易への転換は、イギリスでココア製造業者が成長する社会的背景として重要である。十九世紀前半の保護貿易と自由貿易をめぐる政治的葛藤《かっとう》を概観しておこう。

自由貿易体制への転換を推進したのは、十九世紀に台頭したイングランド北部工業地域の新興産業資本家層である。イギリス重商政策の二大支柱は、航海法と穀物法だった。航海法はクロムウェルの時代に制定され、イギリスの海外貿易から外国船を締め出し、イギリスの貿易商人を成長させた。国内の産物を売り捌《さば》く海外市場の確保につながり、国内の地主ジェントリ層の利益を生み出した。

穀物法は、穀物の価格や輸入量をコントロールする法律で、輸入穀物に高い関税をかけて、輸入量を抑制し、国内産の穀物価格を維持した。国内農業を保護し、利益は地主ジェントリ層が吸収した。

国際的に比較すると、イギリスの穀物価格は高値で、労働者階級の賃金水準に照らすと高かった。穀物価格だけではなく、労働者階級が好むようになった砂糖や茶も、保護貿易によって高値で維持されていた。

食料品の高価格を生み出している体制を批判しはじめたのが、マンチェスターを中心とするイングランド北部の産業資本家層である。食料品の高価格は、労働者階級の家計を圧迫する。産業資本家の立場からすると、労働者の賃金を抑え、利益を上げたい。しかし、食料品全般が高価格では、労賃の切り下げは難しい。穀物法や各種の輸入関税が、労賃や生産費の軽減を難しくさせている原因の一つである、というのが産業資本家層の主張だった。

保護貿易か自由貿易かという問題は、「どこで（国内か海外植民地か）」、「何」を生産し、労働者として「誰」を使うかという問題に関わっている。保護貿易を主張する「西インド諸島派」は、海外植民地でモノカルチャー化させた農作物を生産し、労働力として黒人奴隷を酷使した。厳しい労働で消耗し、短命で終わる黒人労働者を次々と奴隷貿易で補充し、使い捨ての労働力として利用した。

自由貿易を主張する産業資本家は、国内で工業製品を生産するので、労働力として国内の農村から都市へ移動してきた労働者を活用する。食料品の高価格を生み出し、労賃に影響するしくみ、つまり保護貿易体制が打倒されるべき対象となった。

自由貿易体制の確立

産業資本家層の目標は穀物法の廃止と、保護貿易擁護の議員グループ「西インド諸島派」の打倒である。「西インド諸島派」攻撃のため、具体的に批判したのが奴隷貿易である。奴隷制廃止を主張する英国国教会の福音主義の議員グループ（クラッパム・セクト）と連係し、議会改革のうねりを拡大させていった。奴隷制廃止を訴え、世論を喚起するねばり強い活動が続けられ、イギリス本国では一八〇七年に奴隷貿易は廃止された。植民地を含めたすべてのイギリス領で、奴隷制が廃止されたのは一八三三年である。

次の打倒目標が、穀物法だった。一八三九年に、マンチェスターの商工業者を中心に、反穀物法同盟が結成された。運動の指導者は、紡績工場経営者のリチャード・コブデン、ジョン・ブライトなど産業資本家層である。ブライトはクエーカー教徒で、ココア製造業者のネットワークに深い関わりを持つ人物である。

一八四〇年代に反穀物法運動が高まり、一八四六年には穀物法廃止、一八四九年には航海法廃止に漕《こ》ぎつけた。続いて、一八五三年、六〇年に、自由党の大蔵大臣グラッドストーンによって、大規模な関税改革が行われた。ここに自由貿易体制が確立され、イギリスでは工業を推進する方向に舵《かじ》が取られていった。

自由貿易へ移行しつつあった一八三二年に、カカオの関税も下がった。その直前の一八三一年に、イギリスにおけるカカオ消費量は、一人当たり年間〇・〇一八ポンド（約八グラム）だったが、関税が引き下げられて二〇年後の一八五二年には〇・一二一ポンド（約五五グラム）、一八七二年には〇・二四四ポンド（約一一一グラム）になった。一八八〇年から八年の間に、カカオの消費量は七五％増加し、一八九一年には〇・五七一ポンド（約二五九グラム）に達した。[7] これと並行して、カリブ海諸島のカカオ生産量は上昇し、需要の増大に応《こた》えることができるようになった。十九世紀後半に、カカオは需要と供給の両面で量が拡大し、カカオ加工が本格化した。

3　カカオ加工技術の改良

固形チョコレートの誕生

一七三〇年にイギリス人は次のように記している。「飲料のココアを作っている時間がないとき、ココアの塊を一オンスかじって、そのあとで液体を飲む。胃のなかでかき混ぜあわせるのだ」[8]。これは、ココアの塊を「かじる」ことを述べたもので、現代のようなチョコレートを食べていたわけではない。固形の食べるチョコレートが作られたのは、一八四七年、ブリストルの町においてである。ブリストルは大西洋三角貿易で栄え、海外との交易で、物資の流通が活発だった。そのような都市で、食べるチョコレートが誕生した。

カカオの加工には手間がかかる。カカオ豆を粉砕し、カカオマスにする過程が最初の難関である。中米では石のメターテが使われ、ヨーロッパでは磨砕を専門にする職人のギルドが誕生したほどである。カカオが輸入される港の一つだったブリストルには、ココア製造業者がいた。カカオの取扱量が増加するにしたがって、効率よくカカオを磨砕することが必要になった。ブリストルのココア製造業者の一人だったウォルター・チャーチマンは、一七二八年にカカオ豆を挽く石臼に水力タービンを取り付けた。一七二九年にはジョージ二世から機

図表3－4　ブリストルのフライ社の工場（著者所蔵。ポストカード）

械の使用許可証を得た[9]。

一七六一年に、チャーチマンは亡くなり、水力タービン、使用許可証、製法などビジネス一式を購入したのが、ブリストルのフライ家である。フライ家はブリストルで薬局を経営し、一七五〇年代に薬品としてココアの製造を始めた。チャーチマンが保有していた技術や権利を継承し、ココア・ビジネスを発展させようとしたのだろう。一七六九年にワットが蒸気機関を改良し、イギリスの産業における動力源は水力から蒸気に代わっていった。フライの工場でも、一七九五年にカカオ粉砕機に蒸気機関を取り付けた。大型機械による粉砕が可能になり、ココア製造量が増加した。このように、イギリスのココア製造業では、十八世紀後半に小規模な機械制工業が現れはじめた。

十九世紀前半にフライの薬局（のちフライ社）を経営していたのは、ジョーゼフ・フライである。ジョーゼフは博士号を持ち、薬学の知識があった。ジョーゼフ・フライは、カカオマスにココアバターを加えることによって、カカオマスの成分を変えることを考え出した。カカオマスをプレス機にかけて、脂肪分を搾り出し、ココアバターを取り出す技術は、一八二八年にオランダのヴァン・ホーテンが編み出していた。カカオマスからどのように脂肪分を抜くかということに関心が寄せられてきたのである。

しかし、ジョーゼフ・フライのアイデアは、それと反対で、搾油していないカカオマスに、ココアバターをさらに加えるというものだった。増量されたココアバターによって、より多くの砂糖を溶かし込むことが可能になり、苦味が軽減した。よくかき混ぜて練り上げると、なめらかな舌ざわりで、甘くて風味のよい固形物になった。冷ますと、成型、型抜きも容易だった。このようにして湯や水に溶いて飲むのではなく、そのまま食べる「チョコレート」が一八四七年に誕生した。薬学に造詣《ぞうけい》が深く、専門的知識を持つ人物が、ココアを改良し、食べるチョコレートを作り出した（図表3－4）。

ココア・パウダーの改良

一八四七年に固形チョコレートが登場したが、一般の消費者に流通するには、さらに技術改良と日時を必要とした。十九世紀のイギリス社会に広く普及していったのはココアである。

十九世紀は、ココア・パウダー改良の時代だった。チョコレートもココア・パウダー改良の副産物として生まれた。

一八六一年ごろ、イギリスには三〇ほどのココア製造業者がいた。のちにイギリスを代表するココア・チョコレート・メーカーに成長していったのが、フライ家、キャドバリー家、ロウントリー家である。この三家はいずれもクエーカー教徒で、非国教徒に該当する。クエーカーの三家が産業資本家層として成長していった社会的背景については次章で述べる。ここでは、十九世紀に販売されていたココア・パウダーを紹介しよう。

イングランド中部の都市バーミンガムで、ジョン・キャドバリーは一八二四年にココア、コーヒー、紅茶を売る食料品店を開いた。この時期は、オランダでヴァン・ホーテンが「脱脂」を発明する前で、カカオマスは脂肪分を多く含み、湯に溶くと脂肪分が浮いた。脂肪の分離をできるだけ避けるため、ココア製造業者はココア・パウダーに媒介の粉末を混ぜて売った。どのような粉末を混ぜるかが、各店の工夫のしどころで、独自性をアピールする「ウリ」になった。

キャドバリーの店では、カカオマス二〇%、媒介粉末八〇%の割合でココア・パウダーを調合した。媒介粉末の分量が多いので、現代の私たちが飲むココアとはやや異なる味わいだったかもしれない。媒介粉末に使っていたのは、ジャガイモのでんぷん粉、サゴヤシのでんぷん粉、小麦粉、糖蜜《とうみつ》などである。一八四二年にはココア・パウダーを一一種類、ココア飲料を一六種類販売していた。

キャドバリーの店の人気商品になったのは、ミルク・ココアである。ココア・パウダーに粉末ミルクを混ぜた。これは十七世紀後半にイギリス人医師で植物学者のハンス・スローンが、ジャマイカを旅行したとき、現地の人々がココアにミルクを加えて飲んでいることを知って作成した処方箋《しょほうせん》にヒントを得たものである。一八四九年にミルク・ココアの販売が始まった。(10)

図表3－5　修行時代のジョージ・キャドバリー（前列右端）（所蔵：Borthwick Institute of Historical Research, University of York）

ジョンの息子のジョージ・キャドバリーは、一八六六年にオランダへ渡った（図表3－5）。「オランダ語は全くできなかったが、よいココアを作りたいと思う一心でオランダへ渡った」とのちに述懐している。(11)ジョージ・キャドバリーはヴァン・ホーテン社で、ココア圧搾機を購入して帰ってきた。これによってカカオマスから脂肪分を除去することが可能になり、媒介粉末を混ぜる必要がなくなった。砂糖以外に添加物が入っていないものを「ココア・エッセンス」と名付けて、一八六六年に売り出し、品質のよさで頭角を現していった。

キャドバリーに互して、良質のココア・パウダーで知られるようになっていったのがロウントリーである。イングランド北部の都市ヨークで、食料品店からココア・チョコレート・メーカーに成長していった。当初、ロウントリーの独自商品は、「チコリ・ココア」だった。チコリはヨーロッパ原産のハーブの一種で、身体の循環を促進させる薬用効果がある。乾燥させた根を焙《あぶ》り、すりつぶしてココア・パウダーに混ぜた。民間医学療法の一種であるホメオパシーにちなんで、「ホメオパティック・ココア」と名付け、薬として売られていた。

十九世紀後半にロウントリーの店でも、媒介粉末を混ぜない、砂糖とココア・パウダーのみの製品を売り出した。媒介の粉末が入らないカカオマスは固くしまる。その固さは品質がよいことのあかしで、ロック・ココアと呼ばれて、人気商品だった。さらに改良されて、一八八〇年には「エレクト・ココア」と名付けて発売された。「エレクト（elect）」とは混ぜものが入っていない一〇〇%ピュアであることを示す語である。

このようにイギリスでは十九世紀後半に、ココア・パウダーの改良が進んだ。砂糖の価格が下がり、労働者階級でもココアに砂糖を入れて飲むことが可能になった。品質が改良され、カカオの香りが豊かで、薬用効果があるココアは、「おいしくて体によい」飲み物として普及していった。

ちなみに、イギリスでは十九世紀後半に砂糖の消費量が急増した。関税引き下げによる砂糖価格の下落が、消費量を拡大させた。砂糖価格は、一八四〇〜五〇年に三〇％下落、一八五〇〜七〇年に二五％下落した。十九世紀前半の全国の年間消費量は三億ポンド（重量）程度だったが、価格の下落にともなって、一八五二年には一〇億ポンドに達した。一人当たりの年間消費量は、一八三二〜五四年の間に五ポンド伸びて、五〇ポンド（約二三キログラム）程度になった。十九世紀末にはほぼ倍増して、九〇ポンド程度に達した。砂糖消費量のこのような急速な拡大は、他のヨーロッパ諸国には見られないもので、イギリス社会の特徴である。イギリス人は、十九世紀後半に急速に「甘いもの好き」の国民になっていった。

とくに、砂糖の摂取量が増えたのは労働者階級である。産業の近代化により、工場労働者が増えた。労働者階級はカロリー摂取量の五分の一を砂糖から摂るようになったという。砂糖および加工食品は、十九世紀後半にイギリスの労働者階級の生活に欠かせないものになっていった。(12)

砂糖は紅茶など飲料に入れて直接に摂取されるほか、砂糖を使った加工食品が急速に浸透した。その代表例はジャムである。穀物価格が下がり、小麦粉を適正な価格で入手することが可能になった。パンにジャムを塗って食べる習慣が労働者階級に広まった。ジャム、プディング、ビスケット、焼き菓子、キャンディなど、紅茶と一緒に甘い食品を摂ることが増えた。

砂糖の消費拡大と同時に、加工食品を供給する食品製造業が成長していった。十九世紀後半のココアの浸透、ココア・メーカーの成長は、イギリスの労働者階級をめぐる食生活の変化と軌を一にしている。

ミルク・チョコレートの登場

十九世紀後半に、カカオをめぐる加工技術はさらに向上し、ミルク・チョコレートが登場した。ミルク・チョコレート加工の舞台は、牧畜がさかんなスイスである。

スイスでは、一八一九年にフランソワ・ルイ・カイエがココア製造工場を始めた。カイエは北イタリアで、ハンドメイドによるカカオ加工を習得し、スイスに戻って、ジュネーヴに近いレマン湖畔のヴェヴェイ近郊で、ココア製造工場を始めた。石のローラーに水力タービンを取り付け、機械の改良に熱心に取り組んだ。スイスでも十九世紀にカカオをめぐる技術改良が進んだ。カイエ社は、その後スイスを代表するメーカーに成長していった。

十九世紀にはカカオ豆の供給が増加した。大半はフォラステロ種である。固形チョコレートにはカカオ豆の特徴がダイレクトに反映される。フォラステロ種で作ったチョコレートは苦味が強すぎた。

その難点を、ミルクを使ってプラスに変えたのが、スイス人のアンリ・ネスレとダニエル・ペーターである。ネスレとペーターは、ともにヴェヴェイに住み、友人同士だった。ペーターは、フランスのリヨンに行って、ココア製造工場で働いたことがあり、カカオの扱いについては一通りの経験があった。スイスに戻って、家業のろうそく製造を継いだが、そのかたわらチョコレートの製造方法を試行していたのである。

近所に住んでいたのがネスレである。アンリ・ネスレは薬剤師で、薬局経営のかたわら、さまざまな化学実験に取り組んでいた。成功したのが、乳児用粉ミルクの開発である。牛乳に小麦粉、穀物、砂糖を加えて、母乳の代替食品を生み出した。ネスレは粉ミルクをチョコレートの材料に加えてみることをペーターに勧めた。カカオ豆は安い原材料ではなかったので、添加物を加えたほうがコストを削減できる。地産の牛乳を使うことは一石二鳥の効果があった。

ペーターは昼間は、自分と妻と職人の三人で手工業のろうそく作りに精を出し、夜にチョコレートの試作を繰り返した。この当時のチョコレートは材料の粒子が粗く、口にするとザラザラした食感が残った。粉ミルクも同様で粒子が粗かったので、チョコレートに加えるとザラザラした食感がさらに増して、不向きだった。試しに、ネスレのライバルが開発したコンデンス・ミルクを使うと、比較的なめらかな食感になった。フォラステロ種の力強い味とコクがミルクで程良くなり、風味のよいミルク・チョコレートができあがった。これが一八七六年のことである。(13) ネスレもコンデンス・ミルクを作るようになった。レマン湖畔が、スイスのミルク・チョコレート発祥の地で、ネスレ社は二十世紀に国際的な食品総合メーカーに成長していった。

チョコレートを口にしたとき、ザラザラ感はつきものだったため、人々はココアを飲むほうを好み、チョコレートの売れ行きはいま一つだった。材料の粗い粒子をなんとかして改善する必要があった。一八七九年に、チューリッヒでココアを製造していたルドルフ・リンツが「コンチェ」の機械の改良に成功した。「コンチェ」とは材料を攪拌し、すり混ぜる過程をいう。機械を使って、カカオマス、ココアバター、砂糖、ミルクなどの材料を三日間すり混ぜ、非常に細かい粒子にして相互になじませた。ザラザラ感は解消されて、なめらかな食感のチョコレートができあがった。食感だけでなく、チョコレート特有の香りが増し、嗅覚《きゅうかく》の点でも食欲を刺激するチョコレートができあがった。現在私たちが食べているものにほぼ近いチョコレートになった。

リンツも薬剤師の家庭に生まれ、薬品や化学実験が身近な環境で育った。兄が薬局を継ぎ、リンツは菓子製造職人のところへ徒弟に行った。修行を終えたのち、火災で焼けた工場を二つ買い取り、チョコレートを試作していたのである。失敗したチョコレートは、薬剤師の兄のところへ持ち込み、何が失敗の原因か科学的に分析してもらった。「コンチェ」の機械に取り付ける部品の形状から、コンチェに要する時間まで、科学的な分析を進めた[14]。「コンチェ」「テンパリング」(温度調整によるココアバターの結晶の安定化)の加工プロセスが品質のよいチョコレートを生み出すために必要であることを明らかにし、適切な機器や製造方法を模索していったのである(図表3－6)。

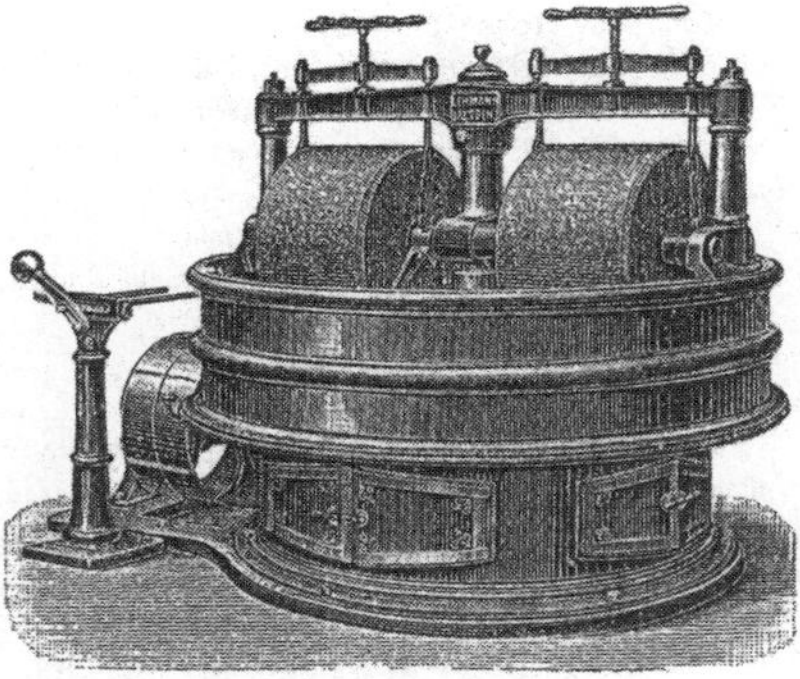

図表3－6　コンチェの機械(出典：Coe & Coe 1996：250)

このように十九世紀後半にスイスでも技術改良が進み、特産のミルクを使ったミルク・チョコレートが作られるようになった。折しも、アフリカのガーナ産のフォラステロ種の増産時期と一致し、アフリカ産カカオ豆を有効活用する道も開けた。スイスのメーカーは、国際的なココア・チョコレート業界の一角を占める存在になっていった。

チョコレート・プラスαの工夫

ベルギーでココア取扱業者が増えはじめたのは、イギリスと同じく一八〇〇年代半ばである。ブリュッセル、アントワープなどの大都市や、地方都市の薬局でココアが売られていた。隣国のオランダでは、一八〇〇年代半ばにヴァン・ホーテン社がアムステルダム郊外に新工場を建設し、資本主義的工場生産体制への道を歩みはじめたが、カトリック圏だったベルギーでは事情は異なった。たとえば現在、ベルギーのチョコレート会社として有名なノイハウスが創業したのは一八五七年、コートドールが商標登録したのは一八八三年である。イギリスのキャドバリーやロウントリーとそう変わらない。キャドバリーやロウントリーは十九世紀末に資本主義的工場生産体制へ転換したが、ベルギーのココア取扱業は、家内工業、家族経営で営まれ、商圏はローカルな範囲に止まった。自営業主としてパン屋を営み、パンと並行して、チョコレートなどのスイーツを地元の人を相手に売った。いまは有名なメーカーのヴィタメールも、もともとは一九一〇年ブリュッセル創業のパン屋で、パンを売るかたわら、アイスクリームを売っていた。

そのような店では、二十世紀になってチョコレートの販売に工夫をするようになった。ノイハウスは一九一二年にプラリーヌの製造を始めた。プラリーヌとはチョコレートのなかに、クリームやジャムが入ったひとロサイズのチョコレート菓子である。ボンボン・ショコラと呼ばれることもある。ベルギーのプラリーヌ製造の特徴は、モールドを使うことで、現在も同様である。モールドとは、チョコレートの外型を作るときに使う金属の「型」で、モールド製造業はベルギーの地場産業だった。

モールドにチョコレートを流しこみ、固めてから中身（フィリング）を詰める。型を使うので、チョコレートはしっかり固まり、厚みのあるチョコレートの外枠ができる。そのため、生クリームをふんだんに使った柔らかなクリームやジャムをなかに入れても、チョコレートが崩れることがない⑮。フランスのプラリーヌ製造はこれと違って、中身のフィリングを完成させてから、チョコレートを上がけする。薄く、繊細なチョコレート・コーティングのプラリーヌができあがる。

ベルギーのプラリーヌは、しっかり厚みのあるチョコレートと、なかの柔らかなクリームが溶け合う。チョコレートは厚く食べごたえがあり、クリームとの甘美なハーモニーが満足感を生み出す。ベルギー・チョコレートが賞賛されるゆえんの一つである。

4章　イギリスのココア・ネットワーク

1　ココアとクエーカー

ココア・ネットワーク

十九世紀に技術改良に熱心に取り組み、良質のココアを販売して名を馳《は》せ、イギリスを代表するココア・チョコレート・メーカーに成長していったのが、フライ家、キャドバリー家、ロウントリー家である。この三家はいずれもクエーカー教徒で、親しい間柄だった。同じ信仰の仲間が、同業者として協力しあい、ともにココア・チョコレート製造業において産業資本家として成長していった。イギリスのココア・チョコレート産業は、クエーカー実業家によって発展したといっても過言ではない。フライは固形チョコレートを考案し、チョコレート史に輝かしい足跡を残した。キャドバリーの看板商品は「ココア・エッセンス」、ロウントリーの看板商品は「エレクト・ココア」である。

フライはブリストル、キャドバリーはバーミンガム、ロウントリーはヨークで、ココア・ビジネスを成功させた。いずれも十九世紀にココア製造に着手し、家内工業マニュファクチュアから工場生産体制に移行させて、十九世紀のうちに有限会社になった。三社は、二十世紀に大量生産体制を実現し、国際的なメーカーに成長していった。

なぜ、クエーカー教徒がココア・チョコレート製造の分野で頭角を現していったのだろうか。本章では、十九世紀にイギリスのココア・ロードが開拓されていったプロセスを、クエーカーを通してたどってみることにしよう。

イギリスにおけるクエーカー教徒

クエーカーは、イギリス発祥のプロテスタントの一宗派である。[1] 創始者はジョージ・フォックスで、一六五〇年前後に「内なる光（聖霊）」の教えを説く布教活動を始めた。これはピューリタン革命が成功し、一六五三年にクロムウェルが護国卿に就いた時期にあたる。初期のクエーカー派（以後、クエーカーと略称）の活動地域はイングランド北部で、クロムウェルの議会軍兵士も多く入信し、一六六〇年代の信者は三万人に達したと推定されている。[2]

クエーカーの信仰の核心にあるのは、万人は霊的に平等であるという聖霊主義である。既存の教会の祈禱《きとう》形式や典礼方法を批判し、「内なる光（聖霊）」の導きに従うことを主張する。神の「内なる光（聖霊）」は個々の信者の内にあり、それが表れ出るのを待てばよい。「司祭を雇う」必要はなく、信者たちが主催する礼拝集会に参加して、静かに聖霊の到来を待つ。信者同士はフレンドと呼び合い、語り合いと霊的交わりを重視した。巡回牧会者が各地の集会を訪れ、信者集団を維持した。教区教会への「十分の一税」の支払い、脱帽・跪坐《きざ》・低頭、武力の使用などを拒否した。

クロムウェルの時代が終わり、王政復古期には、クエーカーのように国教会に属さない者は「非国教徒」として弾圧された。公職、学校、自治都市等から追放され、一六六一年には約四二〇〇名のクエーカーが逮捕された。

迫害に抵抗し、信者集団を存続させるため、クエーカーは内部の結束を固めた。地域ごとに重層的な運営会議を構成し（月会、季会、婦人集会）、他地域のフレンド組織と活発に交流し、相互に支え合った。

一六八九年の名誉革命、その後の信教寛容法によって、イギリスでは信教の自由が認められるようになった。迫害は収まったが、非国教徒に対する差別は続いた。十九世紀初頭でも公職への就任、公的な高等教育を受ける機会は限定され、官僚、弁護士、医師への道は閉ざされていた。つまり、非国教徒であるため、クエーカーは社会的に疎外された集団で、地主ジェントリ層とは異なる階層に属した。信者の概数は十九世紀初頭には約二万人、十九世紀半ばには一万四〇〇〇人程度になった(3)。

クエーカー集団の特徴は、都市部に多く居住していたことである。これはクエーカーが教区教会への「十分の一税」の支払いを拒否していたことによる。支払いを拒否すれば、農民の場合は家畜、商業者の場合は在庫品を没収された。商業のほうが損失が少ないため、クエーカーは都市部へ移動し、商業、手工業を生業にした。とくに、ロンドン、ブリストル、イングランド北部の工業都市など、産業化が進む都市部に集中した(4)。

クエーカーは、信仰を核に日常生活を律し、節約を旨とする禁欲的な特性を持つ集団で、十八世紀には経済的成功を収める商業者が現れるようになった。そのような特性について、社会学者のウェーバーも注目し、プロテスタント的禁欲が顕著に見られる信者集団として、カルヴァン派とともにクエーカーをあげている。『プロテスタンティズムの倫理と資本主義の精神』のなかで、「プロテスタント諸派のうちでもとくに〈非現世的なこと〉が富裕なことともに諺《ことわざ》のようになっている信団、わけてもクエイカーとメノナイトの場合に、宗教的な生活規制が事業精神の高度な発達と結合していることだ」と述べている(5)。ウェーバーによれば、クエーカーは理性と良心に価値をおく教説を最も発達させた集団で、禁欲的特性は職

業労働の内部へ浸透し、「正直は最良の商略」といわれるほど、内面的な達成と職業上の達成が同値のものとなっていた。(6)

産業ブルジョワジーとクエーカー実業家層

クエーカーの信者の多くは都市における商工業に集中し、十九世紀には企業経営者に成長する者も現れた。綿工業（ブライト家、アシュワース家）、製鉄業（ダービー家）、銀行業（バークリー家、ガーニー家、ビーズ家）、ビスケット製造業（ハントリー家、パーマー家）、ココア・チョコレート製造業（ロウントリー家、キャドバリー家、フライ家）、化学工業（クロスフィールド家）、貿易業、ビール製造業、鉄道業などである。(7) クエーカーは、公職から排除されていたため、実業で職業達成をめざす以外に選択肢がなかったことも産業資本家としての成長を促した。

このように十九世紀に台頭した新興の産業ブルジョワジーの一集団として、クエーカーは社会的影響力を持つようになっていった。たとえば、十九世紀前半の反穀物法同盟の指導者ジョン・ブライトもクエーカーだった。父は北部イングランドのロッジデールで大規模な紡績工場を経営していた。ブライトは政治活動で活躍したが、敬虔《けいけん》なクエーカー教徒でもあった。当時のロウントリー、キャドバリー、フライの経営者とも親しく交わり、ビジネスと社

会改良の両面に取り組む姿勢は、後進のクエーカー商工業者に強い影響を与えた。(8)

反穀物法運動は、地主ジェントリ層に対抗し、自由貿易を推進する産業ブルジョワジーの運動である。その中核にブライトのようなクエーカーがいた。また、クエーカーは十八世紀から奴隷貿易廃止を訴えた。奴隷貿易で利益を得る保護貿易の商人やプランターを批判し、産業化の進展に即した新しいしくみを提唱していったのである。

このように十九世紀半ばにクエーカーの企業経営者は産業ブルジョワジーとして頭角を現し、保守勢力である地主ジェントリ層に対抗する新興勢力の一部になっていた。重層的に構成されていたクエーカーの運営会議は、クエーカー商工業者が頻繁に顔を合わせる機会になり、定期的な情報交換の場として機能した。クエーカーは信者以外の者との結婚が禁じられていたため、信者間で姻戚《いんせき》関係が結ばれ、緊密な姻戚ネットワークが形成された。これは親族間で資本を融通し、ビジネスを発展させることに貢献した。(9)

このようなクエーカー商工業者をとりまく環境のなかで、クエーカーのココア・ビジネスが育っていった。「内なる光」を教義とし、個々の信者の内発的な力を重視するクエーカーは、もともと自然治癒力やホメオパティックな医療に関心が高かった。カカオについても、神経の鎮静作用、血流や消化の促進などの薬用効果を重んじ、クエーカーにとってココアは身近な存在だった。薬局を経営していたフライが、固形チョコレートを生み出した背景には、ホメオパシーとクエーカーの近しい関係がある。

クエーカーは、重層的に構成されていた運営会議のしくみを活用して、子弟の職業教育を効率よく進めた。各地の集会では、徒弟を希望する少年と、徒弟を必要とする店主の情報が伝えられ、仲介が行われた。クエーカーの店主のもとで、徒弟としての修行と、信者としての修練を積むことができた。徒弟期間が満了したのちも、技術や情報の交換がスムーズに進み、クエーカーの同業者ネットワークの成長を促した。たとえば、ヨークのロウントリーの店には、一八五六年から二年間、バーミンガムのキャドバリー家の後嗣《あとつ》ぎジョージ・キャドバリーが見習いの修行に来ていたことがある。ジョージ・キャドバリーは修行を終えて、自分の店に戻り、一八六六年にはオランダに渡って、ヴァン・ホーテン社でココア圧搾機を購入した。新しい技術が、クエーカーの同業者ネットワークに伝えられていった。

2　ココア製造マニュファクチュアの成長

ヨークの都市自営業主層

フライ社、キャドバリー社、ロウントリー社の三社のうち、ヨークを拠点に成長したロウントリー社は、日本でもよく知られているチョコレートの「キットカット」のオリジナル・

メーカーである。「ロウントリー社のキットカット」として、「赤と白」のチョコレートは、長い間イギリス国内で親しまれてきた。

このチョコレート菓子が誕生した当時のロウントリー社の社長はベンジャミン・シーボーム・ロウントリー（一八七一～一九五四）という人物である。社長として実業界に重きをなしただけではなく、ヨークの貧困層に焦点をあてた社会調査を実施し、『貧困――都市生活の研究』という書物を刊行した。国際的にも著名な研究者で、労働者の福祉に関心を持ち、自社工場で試みた福祉プログラムは、イギリスの福祉政策の源流になった。キットカットを生み出した「親」は、十九～二十世紀の変わりゆくイギリス社会に深く関心を抱き、二十世紀にイギリスが福祉国家を形成してゆく過程に影響を与えた。ロウントリー社に焦点をあてながら、イギリスのココア・チョコレート・ロードの形成プロセスをたどってみることにしよう。

ロウントリー家はもともとイングランド北部の海岸保養地スカーバラで食品販売業を営む商業者だった。[10] 十九世紀初頭、食料品店は長男一家の生計をまかなう程度の規模だった。次男だったジョーゼフ・ロウントリーは、イングランド北部の中核都市ヨークへ出て、自分の道を切り開くことにした。一八二二年にヨーク中心部の繁華な通りに、首尾よく自分の食料品店をオープンさせた。ヨークで都市商業者としての基盤を築いた彼を「創業者ジョーゼ

図表4－1　ヨークの町と人々（所蔵：Borthwick Institute of Historical Research, University of York）

フ」と記すことにしよう。彼は自分の次男にも同じ名前をつけた。この「二代目ジョーゼフ」がココア・ビジネスを成功させ、ロウントリーを自営業の商店から会社に興した功労者である。彼については頻繁に述べるので、「ジョーゼフ」とシンプルに記すことにしよう。

一八三〇〜四〇年代のロウントリー家の生活は、次のようなものだった。一階が店舗で、二階に店主家族が住んでいた。開業したばかりのころは、徒弟が二人住み込んでいた。店主も徒弟も一緒になって、朝六時から夜八時まで、週に六日働いた。市の立つ日は夜十時にようやく仕事が終わった（図表4－1）。

小麦粉、砂糖、チーズ、バターを同じ製造業者から仕入れても、そのつど品質が異なり、安定していなかった。そのため、食料品店が毎回品質をチェックし、見合う価格をつけた。茶、コーヒーは自家でブレンドして売った。顧客は安定した品質と、適正な価格を信頼して、同じ食料品店から購入した。つまり、食品販売業で成功するには、品質を見極める確かな味覚や、安定したテイストに仕上げる熟練技術が必要だった。

徒弟たちもみなクエーカーだった。一八三〇年代に徒弟は一二人に増えた。ニューカッスルの老舗《しにせ》食料品店から後継ぎの息子が修行に来ていたこともある。ブリストルなどイングランド南西部からも徒弟がやって来た。修行を終えると、父親の店へ戻り、パートナーとして実務を担い、経営に参加した。のちにロウントリーで売り出した「エレクト・ココア」や、キャドバリーの「ココア・エッセンス」を、クエーカーの同業者は積極的に仕入れて、販売したことだろう。

「ジョーゼフ」も、二十一歳のときに、ロンドンのシティの大きな食料品店に四ヵ月間見習いに行った。従業員と一緒に、税関・埠頭《ふとう》・銀行を回り、簿記を勉強した。茶の仲買人が持ち込んでくる見本を試飲し、在庫品と比べながら味を覚えた。コーヒーの見本が届くと、自分で焙煎し、試飲した。自営業主の息子たちは、他店で修行し、知識や経験を豊富にし、父親のビジネス・パートナーに育っていった。

ビジネスと信仰のエートス

店主の家族から徒弟にいたるまで、店自体がクエーカーの小集団だったので、クエーカー的雰囲気に満ちた、秩序ある日常生活が営まれた。一八五二年に創業者ジョーゼフは徒弟たちに日常生活の心構えとして次のような内容の覚書を記している。「茶および食料品卸・小売業に関わる実践的な知識を習得し、経験を積むためにあらゆる機会を活用して良い。簿記関係の書類、物品輸送関係の書類を自由に見てかまわない。時間厳守で、他人の時間を浪費するようなことをしてはいけない。平日にクエーカーの集会に出席できるように仕事時間を調整してかまわない。一人ずつに個室が与えられ、それぞれの部屋には洗面設備がついている。衣服、言葉に注意をはらい、クエーカーとしての生活態度を身につけることが望ましい」(11)

自律を旨とし、時間を浪費せず、自己研鑽《けんさん》に励む生活が奨励された。店の二階には多くの蔵書があった。夕食後、店主はエッセイや議会報告書を朗読し、家族や徒弟たちは耳を傾けた。読書、朗読、議論の習慣が日常生活に浸透し、徒弟たちは自己研鑽の趣味を持つことを奨励された。

創業者ジョーゼフは毎日朝食後に、子どもたちに聖書を一節ずつ説明した。ヨークにはクエーカーが設立したブーサム・スクールがあり、ロウントリー家の男子はここに通った。ヨークではクエーカーの集会が頻繁に開かれ、そのたびごとに、ロウントリー家に七〜八人が宿泊した。食事時には徒弟たちも含めて、三〇人が交替でテーブルにつくこともあった。

一八五〇年代に、イギリスは自由貿易体制に移行し、産業構造、社会構造が大きく変わりつつあった。変動の激しい時代に、創業者ジョーゼフの篤実な生き方・経営姿勢は、クエーカーである人にもそうでない人にも信頼された。一八五八年に、ヨーク市参事会は満場一致で創業者ジョーゼフをヨーク市長に選出した。謙虚な彼はこの栄誉を辞退し、一八五九年に亡くなった。一八五〇年代まで、ロウントリーは食料品販売業を営む都市自営業の一家だった。

ココア製造マニュファクチュアの開始

ロウントリー家がココア製造に着手したのは一八六二年である。ロウントリー家と親しいクエーカーで、ヨークでココア製造を行っていたテューク家にココア製造を引き継ぐ者がいなくなったため、ロウントリー家がココア製造ビジネスを譲り受けたのである。カカオをローストする機械や、テューク家の商品ブランドなどを引き継いだ。この当時、カカオ豆の品質を見極めて、安定したココアを製造するのは難しい作業だった。一八六〇年代は経営と製造の両面で、試行錯誤が続いた。一八六九年にジョーゼフがココア製造部門の経営責任者に

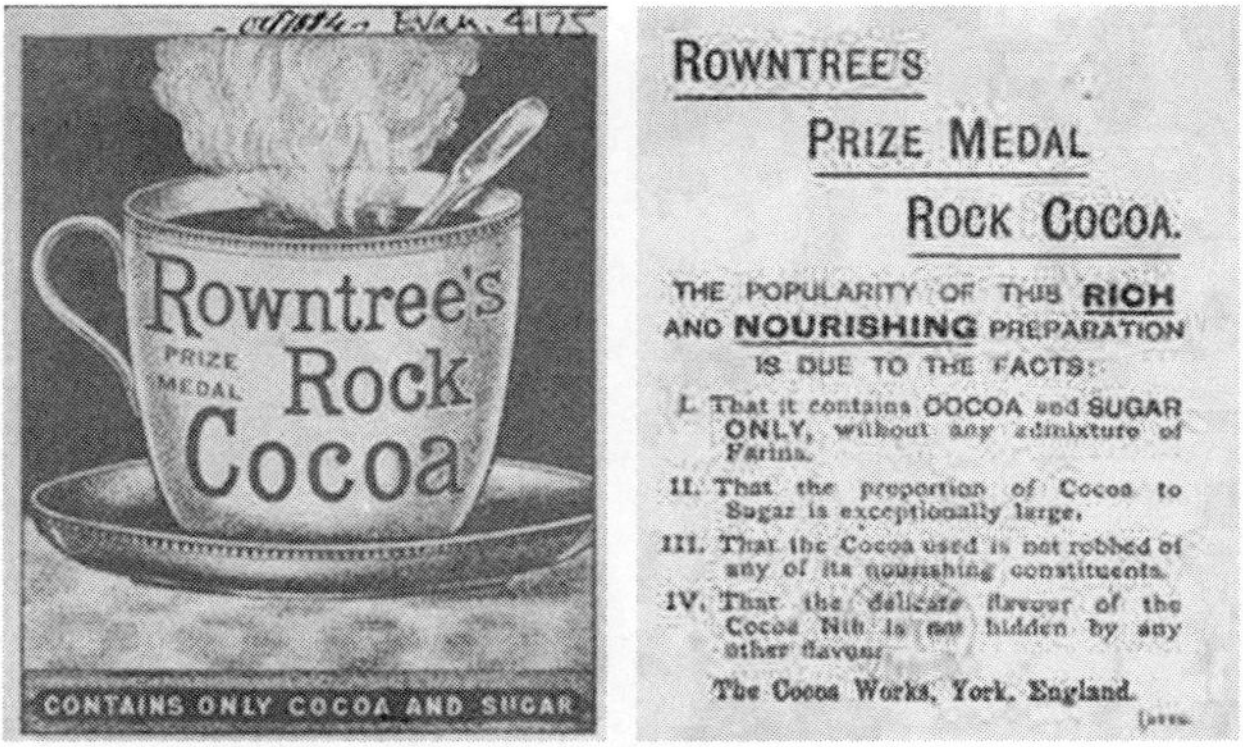

図表4－2　ロウントリー社のメダル・ロック・ココア　1884年（所蔵：British Library）

なり、売れ行きは徐々に伸びていった。

ココアを製造する工場は、市街地に近い川のほとりターナーズ・モートにあった。工場はまだ小さくて、従業員は一二人弱だった。一八七〇年代には、カカオを磨砕する新しい機械を購入して、工場は活気に満ちていた。仕事は朝六時に始まり、夕方六時まで働いた。ランチタイムに一時間の休憩があったほか、午前と午後にも休憩時間があった。午後の休憩時間にはココアを飲んだ。一日に四〇〇キロ程度のココアを製造した[12]。

ココアを作る作業を指示するのは職長で、現場の一切を取り仕切っていた。土曜日に、職長は自分の帽子にお金を入れて、従業員の間を回った。それぞれにその週に働いた時間数を聞き、相当する金額を渡した[13]。労働者が自分の労働時間を覚えていて、それで万事うまく進んでいた。工場の規

図表4－3　ロウントリー社のエレクト・ココア（所蔵：Borthwick Institute of Historical Research, University of York）

模が小さく、経営者も従業員も相互に親密で、信頼関係にもとづいて、ココア製造マニュファクチュアが営まれていた。

ロウントリーがテュークからココア製造を引き継いだとき、「ロック・ココア」という商品があった。ココアに混ぜる媒介粉末の割合が少ないと、ココアは固くしまって「ロック」状態になる。品質がよいことのあかしである。ロウントリーでは、さらに品質を向上させて、ヨーク市の品評会でメダルを獲得した。「メダル・ロック・ココア」と名付け（図表4－2）、一八七〇年代は、「メダル・ロック・ココア」が看板商品だった。ロウントリーでは、このころはまだチョコレート製造には着手していない。クエーカー仲間のブリストルのフライ社から、チョコレートを仕入れて、少量販売していた。

一八七〇～八〇年代は、ロウントリーの主力商品はココアで、ココアの調合に工夫が重ね

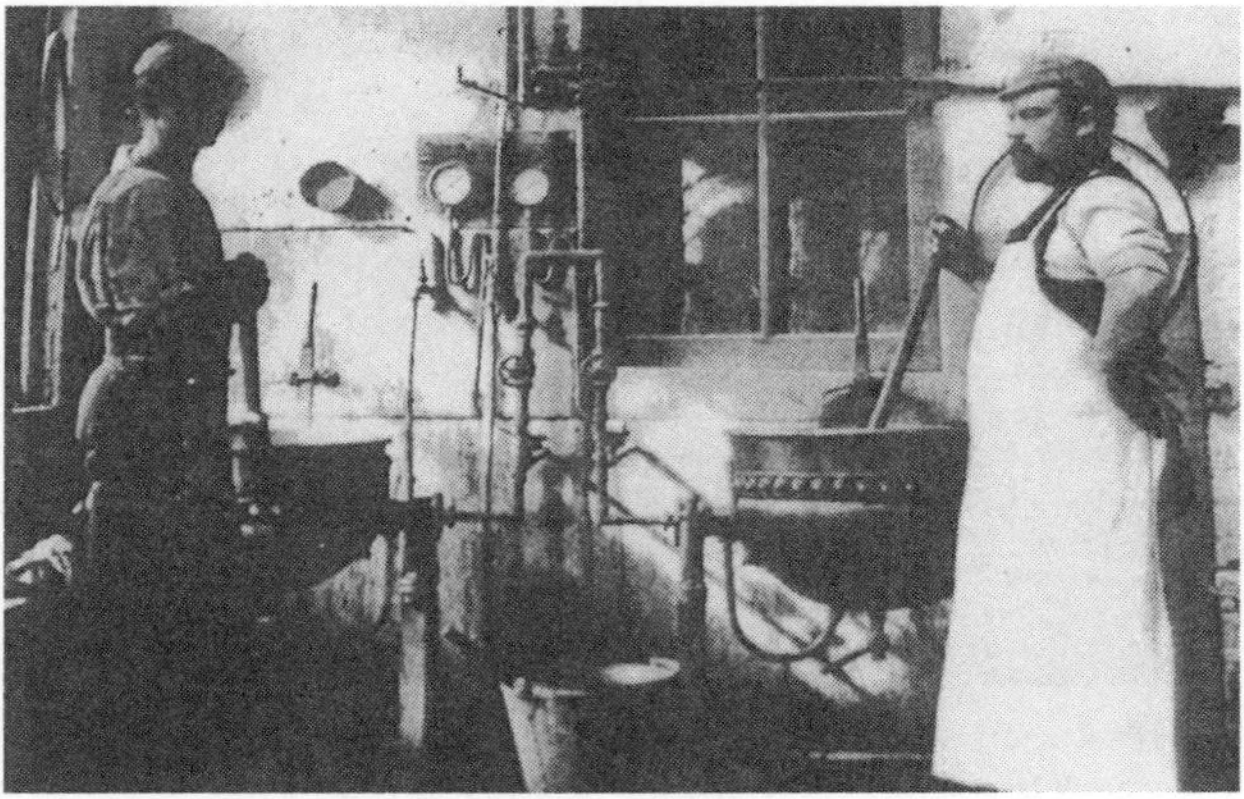

図表4－4　鍋をかき回して、キャンディを作る職人（所蔵：Borthwick Institute of Historical Research, University of York）

られていた時代だった。混ぜものなしのピュア・ココアとは異なる味わいを求める客もいるので、ロウントリーではココア・パウダーに健康によい粉末を混ぜた「ホメオパティック・ココア」も販売し、これも人気商品だった。このほかにも、パール・ココア、六角ココア、アイスランド・モス・ココア、薄片ココア、穀粉ココアなど多様なココアを売っていた。

一八八五年にはオランダの職人を雇って、ヴァン・ホーテンの製法を取り入れた。改良されたココアを、一八八七年に「エレクト・ココア」として売り出したところ、これがヒットした。「エレクト・ココア」の成功で、ロウントリーはココア製造マニュファクチュアとしての基盤を築いた（図表4－3）。

主力製品はココアだったが、これと並行して、

図表4－5　エレクト・ココアの発送作業をする従業員（所蔵：Borthwick Institute of Historical Research, University of York）

ロウントリーではキャンディ・ドロップ類の製造・販売も手がけた。一八七九年に、ドロップ製造の技術を持つフランスの菓子職人がロウントリーの店を訪ねてきた。この職人を雇って、混ぜものがない純粋の果汁を使ったフルーツ・キャンディを売り出したところ、人気商品になった（図表4－4）。クエーカーの信条を生かして、健康によい製品を売ることを心がけたのである。一八八七年には週当たりのキャンディ・ドロップ類の生産量は四トンに達し、従業員は一〇〇人を超えるようになった。ココア・チョコレートと並んで、ロウントリーの経営を支える主力商品になった。

キャンディ・ドロップ類の販売の拡大は、十九世紀後半に砂糖の価格が下がり、砂糖を使った加工食品が普及していったことと連動している。新技術を取り入れて、品質のよい食品を作れば、需要は伸びた。

十九世紀後半には、製品の運送方法も変化した。以前は、馬車が主要な運搬手段で、近くの都市に運ばれ、商圏はローカルだった。しかし、一八三〇年代から鉄道網の整備が進み、製品は鉄道輸送されるようになった。鉄道が通っていれば、全国どこでも製品を運ぶことが可能になった。鉄道によって、原材料・製品の輸送コストは馬車時代とは比べものにならないほど下がった。製品の評判が高まり、遠隔地からも注文が入れば、販路は思いがけないほど拡大する時代を迎えていた（図表4-5）。輸送面の技術革新が進み、近代産業の基盤が整っていった。手工業マニュファクチュア経営者が、産業ブルジョワジーへと成長していく道が開けていった。ロウントリーも、「エレクト・ココア」や「フルーツ・キャンディ」などの定番商品を作り出して、経営の基盤を固めていった。

ココア広告の時代

十九世紀後半には、製品の広告・宣伝方法も新たな時代を迎えていた。新聞等の発行部数が増え、広告の効果が高まるようになっていた。一八八〇年代に、ココア製造業でも「広告」の時代が始まった。誰にむかって製品をアピールするのかが課題になった。ターゲットをしぼり、製品のコンセプトを明確にすることが必要になった。ココアの場合は、紅茶やコ

図表4－6　キャドバリー社のココアの広告（著者所蔵。ポストカード）

ーヒーとの違いをアピールして、ココアを愛飲する消費者を増やす工夫が必要とされた。当初は、カカオが熱帯からの輸入品であることを生かして、エキゾチックな飲み物であることをアピールする広告があった。

　しかし、次第にココアのメイン・ターゲットは子どもたちになっていった。子どもに向いた飲み物であることをアピールするため、広告には子どもたちが登場するようになった（図表4－6）。かつて、ココアは王侯貴族が飲む、高価な飲料だった。または、大人が健康増進のために飲む薬の一種だった。しかし、十九世紀末にココアのコンセプトは転換し、子ども向けの廉価な飲み物として普及していった。

　ココアを宣伝する方法も多様化した。ペーパーを用いた宣伝方法（ポスター、カード、パンフレットなど）以外に、商品名を覚えてもらうために、人目を引く方法が試されるようになった。ロウントリーでは、一八九六年に宣伝のため「自動車」を買った。自動車の後部に「エレクト・ココア」の大きな缶を乗せて、町を走らせた（図表4‐7）。当時は自動車がまだ珍しく、ヨークの町でも通りに自動車が現れると、まるで飛行機が舞い降りたような大騒ぎになった。大勢の人々に取り囲まれ、警官が人込みの整理にやって来たほどだった。

ヨークの町だけではなく、この車はイングランド北部の町々も走った。最初に宣伝ツアーに出かけたのは、一八九六年十一月である。「自動車」担当の従業員が一人で、町々を運転して回った。運転免許の制度もなく、誰が運転してもかまわなかった。自動車の交通法規もなかったので、軽便鉄道の法規にのっとって運転され、一時間三マイル（四・八キロメートル）以上のスピードは出せなかった。最初の日は、ヨークを朝八時に出発し、北部のダーリントンに向かった。たいして離れていないのに、着いたのは夜七時だった。故障を修理しな

図表4‐7　ロウントリー社の「エレクト・ココア」広告自動車（所蔵：Borthwick Institute of Historical Research, University of York）

がら進んだからである。ダーリントンの町では、宣伝カーがやって来るといううわさを聞いて、人々がマーケットに集まっていた。車がやって来たのが見えると、歓声があがった。宣伝カーは一八九七年二月まで約四ヵ月にわたって、北部イングランドを回った。ヨークに戻ると、宣伝をかねて、毎日郵便局まで会社の郵便物を運んで往復した。[14]

このほか、イギリスで人気の大学対抗ボート・レースの会場に、「ボート」を出したこともある。オックスフォード大学とケンブリッジ大学のボート・レースが行われている川の上を、「エレクト・ココア」の広告ボートが行き来した。[15]

画期的な宣伝方法が功を奏して、エレクト・ココアの商圏は「ローカル」を脱して、全国規模に展開していった。「ナショナル」への道を歩みはじめたのである。ロウントリーの売上高は、一八八〇年代の「エレクト・ココア」とフルーツ・キャンディの発売で、はずみがつき、一八七〇年代には七〇〇〇ポンドだったのが、一八九〇年代には一〇万ポンドを超えるようになった。一八九〇年には、ヨーク郊外に土地を買い求め、新しい郊外型の工場建設に着手した。一八九七年には有限会社になり、資本の投下と拡大が円滑に進む経営基盤を整えた。十九世紀末にロウントリーは企業になり、資本制工場生産体制に移行したのである。

ココアやキャンディ・ドロップを洗練された味に仕上げる技術は、オランダやフランスなどヨーロッパ大陸で磨かれて、イギリスに移入された。十九世紀後半にこれらの技術を取り

図表４－８　松屋で開かれたロウントリー社のエレクト・ココアの販売デモンストレーション（所蔵：Borthwick Institute of Historical Research, University of York）

込んだとき、イギリスでは全般的に近代産業の基盤が整いつつあった。イギリスでは、個々のすぐれた製造技術が、大規模な産業基盤や、進んだ産業技術と連動し、効果があがる環境が形成されていた。品質のよい食品を生み出し、広告を通じて知名度を上げ、鉄道網によって迅速に配送し、資本の蓄積によって大量生産するという循環が、イギリスでは効率よく実現した。

日本のココアとチョコレート

ちなみに、二十世紀には日本でもロウントリー社のココアが販売されるようになった（図表４－８）。ロウントリー社と提携関係を結んで輸入していたのは森永《もりなが》製菓である。シーボーム・ロウントリーは一九二一年に夫人ともに日本を訪れ、森永のコーディネートで、日本各地を回り、労働問題や企業経営についての講演会をこなした。

産業化が欧米社会に後れをとった日本では、ココアもチョコレートもほぼ同時期に受け入れ、国産品の製造はチョコレートのほうが早かった。日本ではじめてチョコレートが製造・販売されたのは一八七八年である。東京日本橋にあった米津《よねづ》風月堂《ふうげつどう》が十二月二十四日の『かなよみ新聞』に「貯古齢糖」、二十五日の『郵便報知新聞』に「猪口令糖」の名称で、広告を出した。カカオ豆から製造したわけではなく、原料チョコレートを輸入し、加工して売ったと推測されている。(16)

カカオからチョコレートの一貫製造にはじめて取り組んだのは森永製菓である。一九一八年に東京第一工場（田町《たまち》）で、原料用ビターチョコレートと、ミルクチョコレートの製造が始まった。製造用の機械は、アメリカで買い付けたもので、設備投資の資本力があってはじめてチョコレートの一貫製造が可能になった。製造指導の技師もアメリカから招聘《しょうへい》した。(17) 翌一九一九年に、森永製菓はカカオプレス機を購入し、国産のミルクココアの製造が始まった。それ以前は輸入したロウントリー社のココアなどを販売していたのである。

森永製菓のミルクチョコレートは、一九二〇年には、一枚一〇銭で売られていた。当時の女工の賃金は一日二〇銭、大福は一個五厘前後だった。(18) 国産化が実現したが、ミルクチョコレートは高価な贅沢品《ぜいたくひん》だった。一九二六年には明治《めいじ》製菓もドイツから製造機械を購入し、カカオからチョコレートの一貫製造を開始した。

3　ココア・ビジネスと社会改良

ココア・ネットワークと社会への関心

クエーカーにとって、家業の「ビジネスに励むこと」と、「社会のために尽くすこと」は同等の価値を持つミッションだった。社会で事業を営んでいれば、さまざまな問題にぶつかる。望ましい方向に解決するように努めることは、同じ道の上に並んでいる事業だった。クエーカーの活動で有名なのは、十八世紀に始まる奴隷貿易廃止運動である。十九世紀には、自由貿易推進勢力の一翼をなして、奴隷制廃止を実現した。

ロウントリー家においても、家業のビジネスと社会貢献の双方に励むことは当たり前のことだった。一八四〇年代のアイルランド飢饉《ききん》のとき、創業者ジョーゼフは息子たちを連れて、視察に赴いた。クエーカーの集会では、信仰のほかに、社会問題についても議論が交わされ、自分たちに何ができるか話し合われた。クエーカーとして同じ信仰を持つ集団は、互いの社会的関心を深め、実践力を涵養《かんよう》する母体になっていた。ココア・ビジネスの経営者たちもそれぞれ社会問題に深く関わった。

ジョーゼフ・ロウントリーは、父とともにアイルランド飢饉の悲惨な状況をつぶさに見て、貧困に強い関心を抱き続けた。ビジネスのかたわら、二十代のころから統計資料を集め、独力でイギリスの貧困状況について分析を進めた。貧困者数、非識字率、犯罪数などについて、独自の統計表を作成し、論文を書いた。この論文には、イギリスの救貧法について、歴史をさかのぼり、意義を問うた部分もある。ジョーゼフは、誰を対象に、どのような施策を実施することが有効であるか考え続けた。長年の考察は、のちに自社工場における福祉プログラムに結実していった。論文はクエーカーの集会で発表され、討議のテーマにもなった[19]。

固形チョコレートを発明したジョーゼフ・フライも、ジョーゼフ・ロウントリーの論文を読んで、議論の場に同席し、コメントを寄せた一人である。十九世紀半ばの社会問題の一つは「貧困」だった。自由貿易体制に移行し、産業化・都市化が進展し、社会が大きく変動しつつあった。社会的に上昇する人々と、没落し貧困化する人々の格差が広がっていた。村落から工業化が進む都市へ移動し、工場労働者となるワーキング・クラスの人口が急増していた。都市の劣悪な居住環境で生活する貧困層に対して、何ができるかがクエーカーの会議でも問われた。

ココア・ビジネスと社会改良

十九世紀半ば、ワーキング・クラスの生活改善のために、クエーカーの若い信者たちが熱心に取り組んだのが、成人学校運動である。労働者が希望を持って働き、秩序ある生活を営むために、働きつつ社会に適応できる基礎力を養成することがめざされた。各地でクエーカーは成人学校を主催し、教師を務めた。ジョーゼフ・ロウントリーも、一八五七年、二十一歳のときに、ヨークの成人学校で教えはじめた。成人学校は図書館、農園、懇親クラブを備え、すべての宗派に開かれていた。ジョーゼフ・ロウントリーはビジネスのかたわら四〇年間、日曜日の午前中に成人学校で教え続けた。

クエーカーは成人学校教師の集会を定期的に開き、貧困や教育問題を議論した。一八六四年にブリストルで開かれた会議の主催者は、固形チョコレート発明のジョーゼフ・フライである。ブリストルのクエーカーは、ワークハウスの運営で知られていた。ワークハウスは貧困者に、居住スペースと仕事を提供する社会的施設である。毛織物の職工が仕事を失い、貧困に陥りがちだった状況を改善するために、十七世紀末にこのワークハウスが開設された。ヴァン・ホーテン社のココア圧搾機をオランダで購入して帰ってきたジョージ・キャドバリーも成人学校運動の熱心な推進者だった。貧困家族が抱える深刻な問題の一つはアルコールへの耽溺《たんでき》である。貧困で栄養が不足しがちな人々は、手っとり早くアルコールでカロリーを補給した。しかし、アルコール常習は、身体的にも社会的にも望ましいものではない。ココア・ビジネスを営むクエーカー企業経営者たちは、ワーキング・クラスの生活改良の一環として、みな禁酒運動に熱心に取り組んだ。ジョージ・キャドバリーは熱心な禁酒運動推進者で、貧困と病気を引き起こすアルコールに代わって、健康的な飲料を広める必要があると考え、その一つがココアだった。

ジョージの父親ジョン・キャドバリーは、煙突掃除に少年労働者を使うことを禁止するキャンペーンをリードした。煙突掃除には身体の小さい児童が適している。高い煙突に児童を上らせ、危険な作業が行われていた。運動の成果が実り、一八四〇年に二十一歳以下の労働者を煙突に上らせることを禁止する法令が施行された。

ワーキング・クラスの人々にとって「娯楽」は重要である。厳しい労働の合間に、気分を転換し、労働へ向かう活力を回復するものが必要だった。ワーキング・クラスの憂さ晴らしの一つに動物を使った賭博《とばく》や、動物いじめがあった。ジョンは動物愛護協会の設立に関わり、動物虐待禁止キャンペーンをリードした。ワーキング・クラスを不健康なレジャーから脱出させようとしたのである。

ヨークの町のワーキング・クラス

クエーカー経営者は自社工場でワーキング・クラスを労働者として雇っていた。成人学校運動などに傾注した根底には、自立的で誇りを持った労働者が育ってほしいという願いがあった。そのためにも、ワーキング・クラスがどのような生活をしているのか、実態を把握することが必要だった。

そのような関心によって生み出された成果の一つが、ジョーゼフ・ロウントリーの息子ベンジャミン・シーボーム・ロウントリーの貧困研究である。シーボームは一八九九年にヨークのワーキング・クラスの生活調査を行い（第一次ヨーク貧困調査）、一九〇一年に『貧困——都市生活の研究（*Poverty: A Study of Town Life*）』を出版した。現在でも社会学、社会福祉、社会調査などの分野で国際的に高く評価されている研究である。

シーボームはマンチェスターのオーウェン・カレッジ（のちのマンチェスター大学）に進み、化学の講義をとった。ロウントリーの店で手がけているココアをはじめとする食品製造で、質のよい製品を作り出すには化学の知識が不可欠だった。一八八九年、十八歳のときに父のビジネスを手伝いはじめ、小さな実験室を設け、ガム製造の責任者になった。ガムの開発や製造方法の改良を手がけ、ワーキング・クラスの人々と協力しながら働くようになった。

二十一歳のとき、成人学校でも教えるようになった。そこに通って来るワーキング・クラスの人々を通して、生活状態をより詳しく知り、ワーキング・クラスの生活で必要とされているサポートについて強い関心を持つようになった。ガム製造で一緒に働く人々と、福祉についての勉強会を開き、二〇〜三〇人が参加するようになった。そのような経験があったので、一八九七年に有限会社になったとき、二十六歳のシーボームはロウントリー社の労務担当を任されるようになった[20]。ガム製造と、労務担当の責任者の仕事と並行して、一八九九年に始めたのがヨーク市内のワーキング・クラスに的をしぼった貧困調査である。ヨーク市は十九世紀に人口が四倍以上増加し、居住環境が悪化した。ローマ時代や中世の歴史的建造物が残る都市であるが、当時は産業的には小規模な工場がいくつかある程度の地方中核都市だった。中心市街地にはスラム化したワーキング・クラス密集地区があり、ここに住む人口がヨーク市全体のどの程度を占めているのか正確に把握されてはいなかった。

第一次ヨーク貧困調査はヨーク市の一万一五六〇世帯のワーキング・クラスの生活状態を調べた労作で、実際に調査員が戸別訪問しながら、世帯主の職業や賃金などを尋ね、住居の状況を具体的に書き留めていった。調べあげた一万一五六〇世帯はヨーク市の全世帯の七七・〇%（人口に換算すると四万六七五四名分で、全人口の六一・七%）をカバーするもので、他に類を見ない克明な調査だった。

シーボーム・ロウントリーは著作のなかで、労働者の生活をA〜Dの四段階に分類している[21]。クラスAが最貧困層で（週給一八シリング未満）、肉を食べることはあるが、細切れ肉や羊の頭を買うのがせいぜいである。ブロック肉には手が届かない。通常はパン、肉の脂身を食べるのがやっとの生活だった。クラスAには、一人親世帯、未亡人、高齢者、病人、失業者の世帯などが含まれていた。

クラスB（週給一八～二〇シリング）は貧困と紙一重の状態で、世帯主は未熟練労働者が多かった。賃金をもらえた週はなんとか食べていける。病気になったり、仕事がなくて、お金が足りない週は、食べ物を減らし、質屋に行く。クラスBにとって、質屋は身近な存在だった。月曜日の朝には、質屋の店先の階段に腰をおろして開店を待つ子どもたちの長い行列ができた。質草は日曜日に教会に着ていく晴れ着である。土曜日に親が賃金をもらうと質屋から引き出し、日曜日に着て、月曜日にはまた質に入れに来る。このクラスの家族は、子どもが小さいうちは貧しく、子どもが働くようになると、収入が増えて貧困状態から抜け出す。しかし、高齢期になると、親世代は再び貧困化する。家族には貧困に陥る時期と脱出する時期のサイクルがあるということが、この調査から明らかになった。

クラスCは未熟練労働者と熟練労働者の両方が含まれ、週給はやや増えるが（二一～三〇シリング）、生活状態はクラスBに類似している。

クラスDは職工長のような安定した熟練労働者世帯で、週給は三〇シリングを超えていた。ピアノを持つ家庭も珍しくなく、蔵書が三〇冊を超える家もあった。夕刊新聞や通俗小説を購入して読む習慣もあり、講演会に参加して、実学の知識を得ることにも積極的だった。

ココア・ビジネスの原動力

このような住居や家計に及ぶ綿密な調査から、シーボームは、五人家族の場合、週に最低必要な経費は二一・八シリングという結論を出した。これに満たない生活は「衣食住に事欠く」絶対的貧困で、ヨークの総人口のうち九・九一％、七二三〇名がこれにあたる。シーボームはこれを「第一次貧困」と名付けた。第一次貧困の家庭は、汽車や乗合自動車に乗る余裕がなく、徒歩で行ける範囲しか外出しない。新聞も買えない。切手代がなく、よその土地に住む子どもにも手紙を出すことができない。教会へ献金することは無理で、教会からも足が遠のく。つきあいの費用がないため、近所とも疎遠になる。貧困である上に、孤立状態に陥っていた。

これよりわずかにましなのが第二次貧困であるが、絶対的貧困に陥る可能性が大きく、第一次貧困とは紙一重だった。第二次貧困になってしまう要因の一つは飲酒・賭博だった。家計に占めるアルコール飲料の割合が高い。競馬などの賭博には、男性も女性も、子どもも熱中していた。総人口の一七・九三％、一万三〇七二名がこれに該当していた。

シーボームの調査によって、第一次貧困と第二次貧困を合わせると、実にヨーク市人口の二七・八四％、二万三〇二人が「貧困」状態にあることが明らかになった。およそ三割は、「貧困」なのである。

シーボームの調査の前に、チャールズ・ブースがロンドンの貧困状況を調査していた。ブースの著作『ロンドン市民の生活と労働（*Life and Labour of the People in London*）』の結論も、ロンドン市の三割が貧困状態にあるというものだった。これを読んだ人々は、首都ロンドンだから、貧しい人々が仕事を求めて集中し、貧困層がそんなに増えているのだろうと推測した。しかし、シーボームの調査によって、貧困はロンドンの特殊事情なのではなく、地方都市ヨークでも同じであることが明らかになった。つまり、イギリスには深刻な貧困が蔓《まん》延《えん》していて、見過ごすことのできない問題であることを、この二つの調査は示したのである。二つの調査は、イギリスが二十世紀に福祉の諸制度を整える方向に道を切り開く端緒になった。

産業化が進展する一方で、貧困がどの程度深刻化しているのか、なにも見取り図がない時代に、貧困を一から調べあげることは困難な仕事である。シーボームはこれをやり遂げた。地方都市における貧困状況を解明しただけでなく、家族周期による「貧困のサイクル」という概念も導き出し、子どもの幼少期と、親の高齢期に貧困が深刻化することを明らかにした。これは福祉制度の老齢年金や子ども手当の創設につながった。

シーボームはのちにロウントリー社の社長になり、イギリスのココア・チョコレート・ビジネスを牽引《けんいん》していった。シーボームにとって、労働者の生活向上のためにも、ココア・ビジネスは成功させなければならないものであったろう。イギリスのココア・ビジネスの根底には、クエーカー集団の長年にわたる社会改良の取り組みがあり、貧困の綿密な分析があった。ココア・ビジネスは、貧困に陥る懸念がない生活を実現させ、労働者を自立させる社会的使命も帯びたものだった。

シーボームは社長の重責を果たして引退したのちも、ヨークで貧困調査を続けた（第二次貧困調査：一九三六年着手、一九四一年出版、第三次貧困調査：一九五〇年着手、一九五一年出版）。貧困調査とワーキング・クラスの生活向上は、シーボームのライフワークだったのである。(22)

5章　理想のチョコレート工場

1　郊外の新工場

田園都市構想

二十世紀に入って、イギリスのココア・メーカーは、本格的なチョコレート生産に着手した。ロウントリー社がチョコレートの箱詰めセット（アソート・チョコレート）を売り出したのは、一九〇九年である。チョコレート製造は食品加工業で、多数の大型機械を使う。大量生産できるようにするためには、機械を設置し、多数の労働者が動き回ることができる広いスペースが必要だった。

十九世紀の家内工業的マニュファクチュアの時代には、市街地に店舗を持ち、近くに小さな工場を設けて、ココアが製造されていた。チョコレート生産へ移行するには、市街地の手狭な工場から移転して、充分な工場用地を確保し、工場レイアウトを抜本的に組み直すことが必要だった。

この点でもクエーカー経営者層は対応が早かった。キャドバリー社は、バーミンガム市内の工場を一八七九年に郊外のボーンヴィルに移転させた。ロウントリー社では、一八九〇年にヨーク市の郊外ハックスビー・ロードに土地を買い求め、新工場を建設しはじめた。工場内に鉄道の引き込み線を敷設し、工場からそのまま貨車に製品を積み込むことができるようなレイアウトにした。

新工場の開設は、従業員の増加、生産力アップへとつながっていった。一八九四年の従業員は八六一名だったが、一八九五年にハックスビー・ロードの新工場がフル操業を開始、一八九七年には有限会社になり、一八九九年には従業員は一五二四名に達した。ロウントリー社はヨーク市の労働者を多数雇用する主要企業の一つになった。労働者の生活に対する責任はさらに重くなった。

五年ごとに従業員が倍増する状況は続き、一九〇四年に従業員数は二九四五名になった（図表5－1）。従業員が少ない時代には、経営者も従業員もクエーカー的雰囲気に満ちた日常をともに過ごし、家族経営的手法を生かし、一体感のある親密な関係を維持することができた。しかし、従業員が三〇〇〇人近くになれば、従業員の生活に細かく配慮することは難しい。これまでとは異なる方法で、労働者の生活を保障することが必要になった。

ワーキング・クラスに最も必要な保障とは何か。ロウントリー社が最初に導入した保障の制度は、住居対策と退職後の老齢年金だった。労務担当の責任者だったシーボーム・ロウントリーは、自分が手がけた貧困調査で、ワーキング・クラスの住居の実状を熟知し、かつ高齢期には貧困に陥る可能性が高いことを理解していた。その成果が早速生かされていった。

一八九七年に有限会社になったロウントリー社の社長を務めていたのは、シーボームの父ジョーゼフ・ロウントリーである。ジョーゼフは一九〇一年に田園ヴィレッジの建設を計画した。新工場に隣接するニュー・イアーズウィック地区に、良好な住宅を建設し、ワーキング・クラスに提供するプログラムである。十九世紀末にイギリスでは田園都市運動が起こった。空気がきれいな郊外で、職住接近の環境を作り、ゆとりある健康的な生活をめざす。一八

図表5－1　ロウントリー社従業員数（ヨーク市内事業所）

年	性別	工場	オフィス	小計	合計
1894	男性	363	31	394	
	女性	466	1	467	
	合計	829	32		861
1899	男性	641	125	766	
	女性	750	8	758	
	合計	1, 391	133		1, 524
1904	男性	1, 195	200	1, 395	
	女性	1, 499	51	1, 550	
	合計	2, 694	251		2, 945

※ヨーク市外従業員は、1894年31名、1899年87名、1904年619名。出典：Rowntree and Co. Collections Cocoa Works Magazine より著者作成

九九年にはE・ハワードが中心になって、田園都市協会が設立され、多くの賛同者が集まった。ココア・ビジネス経営者のなかでも、クエーカーのキャドバリー社は、すでにバーミンガム郊外の新工場のそばに、ボーンヴィル田園ヴィレッジを建設していた。

ロウントリー社が田園ヴィレッジの設計・建築を依頼したのが、レイモンド・アンウィンとバリー・パーカーという二人の建築家である。この二人は田園都市協会がロンドン郊外に建設を決めたレッチワース田園都市の設計・建築担当者でもあった。ロウントリーの田園ヴィレッジ建設は、田園都市運動の歩調とぴったり足並みをそろえていた。ニュー・イアーズウィック田園ヴィレッジは、モデルヴィレッジ建設の先進的な試みの一つだった[1]。

田園ヴィレッジ建設のため、ジョーゼフは一九〇四年にロウントリー社とは切り離して、独立した三つの財団を設立した（The Village Trust, The Charitable Trust, The Social Service Trust）。これらの財団が、ニュー・イアーズウィック田園ヴィレッジの建設主体になった。シーボームも月に数回開かれる財団の会議に出席して、田園ヴィレッジの進展に深く関わった[2]。

一九〇四年には田園ヴィレッジへの入居が始まった。ニュー・イアーズウィックでは、住宅などのハード面で良好な環境が作られただけではなく、コンサートやガーデニングなど、文化・スポーツ活動、社会的活動などが展開された。理想的なワーキング・クラスの生活が現実のものになっていった。住戸の建設は徐々に着実に進み、一九二〇年代には三〇〇〇戸を超え、一九七六年までに八〇〇世帯二三〇〇人の地区に成長していった。

理想のワーキング・クラス

高齢期に貧困に陥ることを避けるための対策として、一九〇六年には老齢年金の制度が設けられた。ロウントリー社では、退職年齢は男性が六十五歳、女性が五十五歳だった。一八七〇〜八〇年代のココア・ビジネス草創期から働いてくれた従業員が、二十世紀初頭に退職を迎える年齢に達していた。糟糠《そうこう》の社員の老後のために、まず最初に老齢年金が設けられた。続いて、遺族（寡婦《かふ》）年金（一九一六年）、疾病給付金（一九二〇年）、失業給付金（一九二一年）が導入された。工場の生産体制の整備と同時並行で、増大する従業員を対象にした新しい生活保障制度が整えられていった。充実した企業内福祉の整備は、キャドバリー社などクエーカーのココア・ビジネス経営者に共通していた。

イギリスがかつて保護貿易を擁護していた時代には、海外の奴隷労働力に依存していた。十九世紀に国内産業が成長し、イギリス国内では村落から都市へ移住する人々が増えた。イギリスの労働環境は大きく変わり、工場ではじめて働く人々が増加した。工場のしくみを理解し、時間や規律を守り、労働者として好ましい生活習慣を身につけていく必要があった。

図表5－2　ロウントリー社の売上量（総トン数）の推移（1897〜1960年）

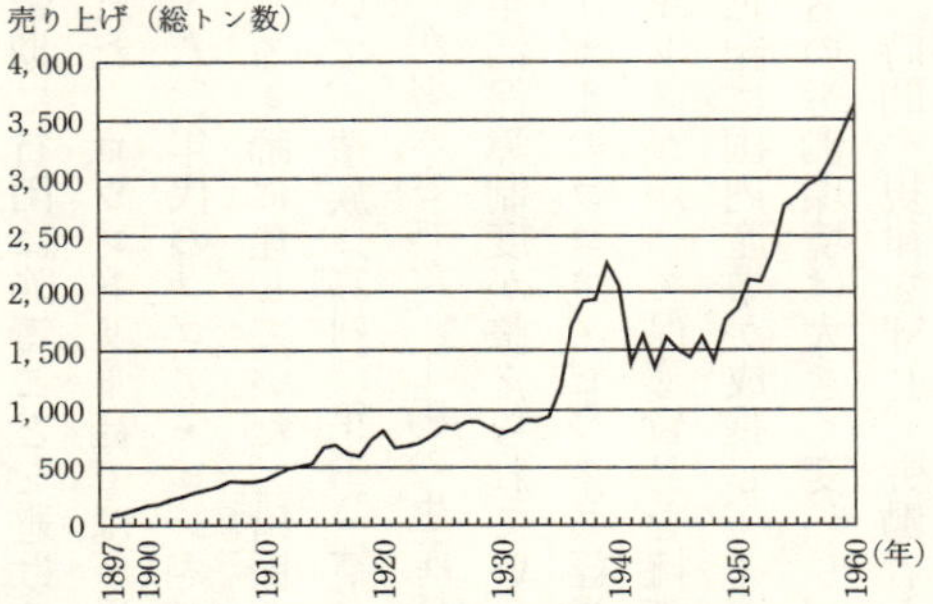

出典：Rowntree and Co. Collections R/DF/CS/1より著者作成

クエーカーのココア・ビジネス経営者たちには、人間として豊かな内実を備えた労働者が育ってほしいという理想があり、実現に向けて道を整えていったのである。

ココアとチョコレートの併走

従業員の急増と、売上量・売上高の拡大は同時に進行した。大規模になった工場で生産されていた商品の推移をながめておこう。図表5－2は売上量（総トン数）、図表5－3は売上高（ポンド）である。十九世紀後半〜二十世紀初期に、ココアが日常生活へ浸透していった。二十世紀初期はココアのシェアが勝っている。一九〇二〜一八年（第一次世界大戦中を除く）は、エレクト・ココアが売上高の三〇％前後を占めた。ロウントリー社のココアは全国的な知名度を持つ「ナショナル」な製品に成長していた。第一次世界大戦までは、ココアとチョコレートの併走時期だった。

第一次世界大戦が終結したあとの時代、つまり戦間期に、メーカーはチョコレート加工菓子など、多品種のスイーツを生産するようになった。主力商品はココアからチョコレートやキットカットなどのチョコレート加工菓子へ移行していった。一九二〇年代以降は、チョコレート、チョコレート加工菓子の割合が増加した。廉価になった砂糖を大量に消費しつつ、イギリスのスイーツ・ロードは縦横に太く張りめぐらされていった。

図表5-3　ロウントリー社の売上高（ポンド）の推移と、売上高にしめる各製品の割合（1901～63年）

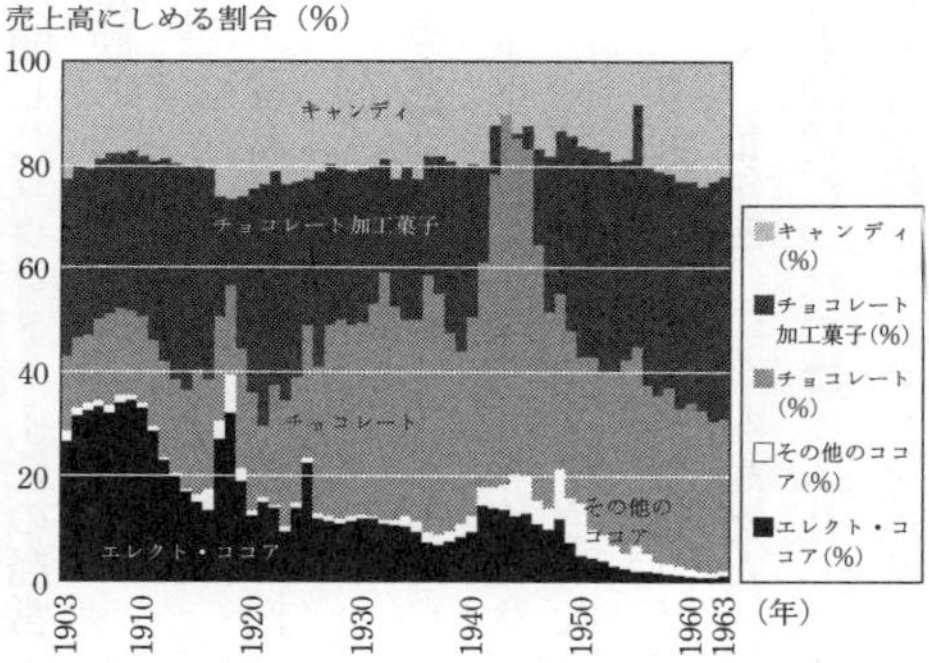

出典：Rowntree and Co. Collections R/DF/CS/1-2 より著者作成

主力製品の変化に着目すると、ロウントリー家がココア製造を始めた一八六二年から、第二次世界大戦前までの八〇年間を、三つの時期に区分することができる。Ⅰ期は一八六二～九六年の家族的経営による家内工業的生産体制の時期（主力製品はココア）、Ⅱ期は一八九七～一九一八年の資本主義的生産体制の基盤整備期（主力製品はココアとチョコレート）、Ⅲ期は一九一九～四一年の資本主義的大量生産体制の時期（主力製品はチョコレート加工菓子へ移行）である。Ⅱ期の社長はジョーゼフ・ロウントリー、Ⅲ期の社長がシーボーム・ロウントリーである。三段階で展開したロウントリー社の経営・生産体制は、イギリスにおけるスイーツ・ロードの拡大を反映している。

2　チョコレート工場と女性

増加する女性労働者

ロウントリー社の従業員規模が最大に達したのが、一九一〇〜二〇年代である。一九一三年四七八五人、一九二六年四四〇二人で、[3]ほぼ五〇〇〇人規模になった。従業員の増加にともなって、新たな問題が発生するようになった。離職者の増加である。とくに女性労働者の離職が多く、毎年四〇〇名を超えた（図表5－4）。

なかでも問題だったのは、入社してまもない十四〜十五歳の少女たちの離職である。十三歳で義務教育を終えて、ロウントリー社の工場に入ってくる。離職者中、十四〜十五歳の女性労働者が占める割合は一九一三年二二・〇%、一九一四年二四・三%、一九一五年一四・九%に及ぶ。

十代の労働者の回転が激しく、ロウントリー社は常に未熟練労働者を多数抱えた状態になった。働きはじめたばかりの若い女性たちが、仕事を覚えたころにやめてしまう。やめてしまう本人にとって達成感がなく、企業としても効率が悪い。高い離職率の原因を改善し、労働意欲を高める対策が必要とされた。

義務教育を終えて、はじめて働く少女たちは、自分がどのような仕事や作業に向いているのか、よくわかっていない。能力を超えた仕事を与えると、やり遂げることができず、自信を失う。適性を見抜き、能力が伸びる作業に配置し、労働者として成長するように配慮することが必要だった。

そこで手厚い対策がとられたのが、教育プログラムの整備である。仕事を終えたあと、夕方に学べるように、工場の敷地内に、教室、図書館、プールなどが作られた。夕方に開かれる授業には、家政一般コース、料理コースなどがあり、専任の教員が配置された。十代の少女たちを念頭において、働きながら学べるように、周到に準備され、充実した成人教育が行われた。ジョーゼフ・ロウントリーやシーボーム・ロウントリーが長年関わってきた、成人学校運動がこのような教育プログラムに生かされていった。

図表5－4　女性従業員離職者数（1913～15年）

（単位：人）

年齢＼年次	1913	1914	1915
14－15歳	95	98	76
16－19	144	117	139
20－24	110	115	180
25－29	64	52	90
30－34	13	12	16
35－39	3	6	6
40－55	3	3	4
合計	432	403	511

出典：Rowntree and Co. Collections R/DL/LW/1 Register of Female leaverより著者作成

図表5－5　箱詰めする女性従業員（所蔵：Borthwick Institute of Historical Research, University of York）

ファクトリー・ガール

ロウントリー社では、男性従業員は製造、配送、輸送、機械エンジニアリング、事務・管理などさまざまな部門に配置されたが、女性は工場に集中的に配置された。女性の圧倒的多数はスイーツの製造、仕分け、箱詰め作業に従事した（図表5－5）。

工場に入ったばかりの少女たちが驚いたのは、工場で働く人数の多さと騒音である。工場で働く少女たちは声が大きくなる。「ファクトリー・ガール」と呼ばれる女性労働者たちは、がさつに見えることもあった。最初はファクトリー・ガールにショックを受ける少女もいたが、打ち解けた雰囲気にすぐに慣れ、親しい友人ができた。仕事の妨げにならない限り、作業中におしゃべりしたり、歌うことは禁じられていなかった。ときどき、はじけるような笑い

図表5－6　クリスマス用のチョコレート・ギフトボックスと女性従業員（所蔵：Borthwick Institute of Historical Research, University of York）

声で作業室は沸いた。

多くの女性たちは、ヨークの主要企業であるロウントリー社で働いた日々は楽しかったと語る[4]。チョコレートをきれいにデコレーションしたり、見栄えよく箱詰めして、美しいものを作ることには、創造的な喜びがあった。ロウントリー社では技術の高さを競うコンクールが開かれ、従業員の励みになった。賞をもらったボックスは、ショーケースに入れて目立つところに飾られた（図表5－6）。

新しい作業に入るときは、指導員が手順を教えた。指導員はたいてい二十〜三十歳代で、一〇年程度の経験を積んだ女性だった。指導員の隣に座って、同じ作業を繰り返して覚えた。若い女性労働者が何でも相談しやすいように、工場には、女性の福祉指導員が配置されていた（図表5-7）。

ロウントリーの工場では、部門や作業室ごとによくダンス・パーティや、ティー・パーティを開いた。結婚する同僚がいると、お茶とケーキでお祝いし、結婚祝いをプレゼントした。各部門の女性たちは、ピクニックや小旅行にも出かけ、楽しかった思い出の写真を社誌に寄せた。たとえば、アーモンド製造部門の女性たちは、一九二〇年九月に、一〇人で近くの海岸保養地スカルビーに泊まりがけの小旅行に出かけた。次のような楽しい手記が社誌に掲載されている。

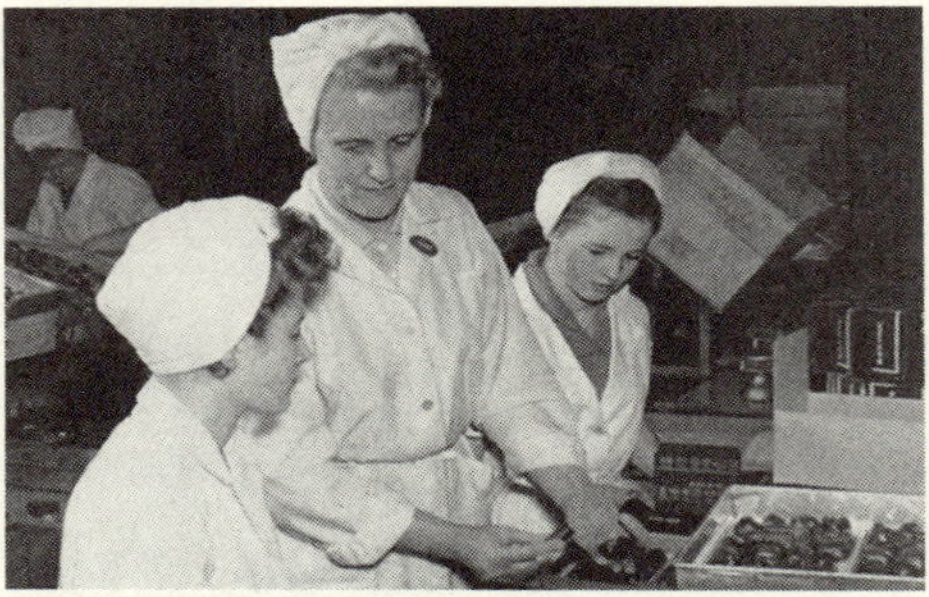

図表5-7　若い女性従業員に教える（所蔵：Borthwick Institute of Historical Research, University of York）

「週末を過ごしたスカルビーのことは、いつまでも心に残ることでしょう。海からそよふくさわやかな風、丘に登って見えた美しいパノラマは、ココア工場で働くニブちゃん（ロウントリー社のココア宣伝キャラクター）たちの心をぎゅっとつかみました。そう、アーモンド・レディたちは九月十七日にスカルビーに出かけたのです。私たちのお世話をしてくれたミス・オーウェンは最高のもてなしで、私たちの心のカップはうきうきした気分が満ちあふれんばかりになりました。散歩して、おしゃべりして、歌を歌って、夜中までお祭り騒ぎをしました。輝くような思い出がいっぱい。次も楽しみです[5]」

仕事を終えたあとや、週末には充実した余暇を過ごすことができるように、多数のクラブがあった。各種スポーツ、ダンス、演劇、木工、料理、宗教など多岐にわたる。工場には劇場もあり、各クラブの成果発表の場になった。これらのクラブの発表会の様子は、写真入りで社誌に詳しく紹介された。ロウントリー社の社員たちの生き生きした活動が誌面から伝わってくる（図表5－8）。たとえば、女性の園芸クラブがあった。秋には園芸ショーを開き、「ポテト部門」「キャベツ部門」など品種ごとに成果を競った。入賞者から聞いた園芸のコツが後日、社誌に紹介されている。社会的活動を積極的に支援するロウントリー社の姿勢が伝わってくる。

図表5－8　ロウントリー社の女性自転車レース　1905年（所蔵：Borthwick Institute of Historical Research, University of York）

3　心理学とチョコレート工場

チョコレート工場のしくみ

各部門や作業室、余暇のクラブでは、親密な仲間を作ることができて、コミュニケーションを楽しむことができた。しかし、数千人規模の工場では、実際のところ、他の部門や作業室でどのような人々が働き、どのような仕事をしているのか、全体像をつかむのは容易ではない。全体像が不鮮明であると、自分の仕事の意義や、労働の意味もつかみにくい。働く意欲の減退につながる。それを防ぐには、働く人々が自分たちの環境に関心を持ち、積極的に工場や仲間と関わっていくしくみが必要だった。

第一次世界大戦中に、ロウントリー社では画期的な試みが始まった。工場評議委員会制度である。これは、経営者が一方的に工場を経営するのではなく、労働者側の代表と協議しながら工場を運営するしくみである。労働者も意見を述べることができ、意思が反映されやすい。工場は「経営者のもの」なのではなく、「みんなのもの」という意識が育つ。菓子製造業界では、キャドバリー社もこのしくみを導入していた。

ロウントリー社では、この制度を通じて、労働者の希望が取り入れられ、一九一九年に早くも週休二日制になった。労働時間は週四十四時間に減った。限られた時間に集中して働くことを従業員は好んだのである。働く意欲が高まる「人間的」な環境とはどのようなものなのか、経営者と労働者の二人三脚の模索が続いた。

「お給料」とやる気

働く意欲を左右するのは、何といっても「お給料」である。工場労働が広まり、二十世紀前半のイギリスには、おもに三種類の賃金支払い方法があった。固定給、出来高給、ボーナス給である。(6)

固定給は、日給または週給として、決められた額の賃金が支払われる。時給で細切れに計算することに適さないような労働が対象である。集中力を必要とし、質重視の仕事に向いている。たとえば、ココアの広告を作る仕事、若年労働者にアドバイスする指導員の仕事などがこれにあたる。

出来高給は、一単位当たりの仕事量が決まっており、それに対する賃金が確定している。たとえば、「チョコレートを一〇箱詰め終わると一シリング」等である。仕事量を明確にカウントでき、計算可能な労働が対象である。単純作業に向いている。この計算方法の問題は、仕事量を多くこなすと、手取りの賃金が増えるため、労働者が張り切って仕事を進めると、経営側の賃金支払額が増えることである。つまり、労働意欲は高まるが、経営を圧迫することにつながる。

その欠点を回避する手段として考案された賃金形態が、「プレミアム・ボーナス制」である。標準の仕事量と、それをこなす標準時間と、それに対する賃金が確定している。標準時間よりも早く作業を終えれば、ボーナス給が支払われる。節約して、稼いだ時間を使って、そのまま作業を続ければ、その作業については割増金が支払われる。

プレミアム・ボーナス制は、出来高給のようにむやみに経営を圧迫する心配がない。労働者にとっても、基本給が保障されている上に、頑張れば収入が増える。自主的に働く意欲が高まりやすい賃金形態だった。

「人間」が働く工場

実際の工場運営で問題だったのは、一つの工場のなかに、三種類の賃金体系の労働者が混在していたことである。イギリスの賃金体系が、このように複雑になった背景には次のような事情があった。

第一次世界大戦後、欧米の製造業は大量生産・機械化の時代を迎えた。大規模になった工場で、労働者の働く意欲をどのように高めるかが問題になっていた。食品加工業であるココア・チョコレート・ビジネスも例外ではない。新たな経営方法が模索されていた。

アメリカで注目を集めたのはテイラー・システムである。テイラー・システムでは、ストップウォッチを使って、一定の作業にかかる時間を計り、標準作業量を決めた。その標準作業量がこなせるように、ベルトコンベヤーのスピードを経営側がコントロールした。時間と動作の両面から、人間の行動を「科学的」に研究し、標準時間当たりの標準作業量を決めることが「ウリ」で、この経営方法は「科学的管理」と呼ばれた。

テイラー・システムを工場に導入し、めざましい効果を上げたのがフォード社である。一九〇八年に大衆車T型フォードを売り出し、ベルトコンベヤーによる流れ作業で、大量生産を実現した。その結果、一九一四年にはアメリカの自動車生産台数の約半分をフォード社が占めるようになった。フォード社の成功は、テイラー式「科学的管理」に対する注目を集めた。

しかし、イギリスでは、テイラー・システムをそのまま応用するような動きは生じなかった。イギリスには、産業と心理の関連を研究する、独自の系譜があった。その出発点は第一次世界大戦中の「産業疲労」の研究である。戦時中、前線に送る軍需物資を生産する工場で、労働者の能率が低下する「産業疲労」が生じた。労働者の労働意欲がどのようにすれば回復し、高まるのか。これを研究していたのが、ケンブリッジ大学で実験心理学を担当していた

C・S・マイヤース教授である。第一次世界大戦中に、軍需省の大臣を務めていた自由党のロイド・ジョージに請われ、シーボーム・ロウントリーは一九一五年に軍需省に福祉部を開設し、福祉部長になった。

戦後、「産業心理学」分野を確立させたマイヤース教授は、親交があったシーボームに、ロウントリー社の経営にイギリスの産業心理学を取り入れることを勧めた。シーボームが関心を持ったのは、テイラー・システムではなく、自主的な労働意欲をどのように高めるかを追究するイギリスの産業心理学である。

第一次世界大戦後、シーボームは従業員と一緒に「週末レクチャー」を主催していたが、そこでも、「心理学」「産業心理学」は従業員に人気の講義だった[7]。そのような状況に後押しされ、ロウントリー社では、経営に産業心理学を導入することを決めた。

一九二二年にロウントリー社に産業心理学部門が開設され、産業心理学者が正式の社員として採用された。イギリスで、工場運営に心理学者を配属した最初の例である。イギリスの産業心理学の歴史のなかでも、実験的な試みだった。

シーボーム・ロウントリーが産業心理学部門設置を強く望んだ根底には、ベルトコンベヤーで機械にコントロールされて働く労働者ではなく、自分のなすべきことを自主的に達成できる、「人間的」な労働者に成長してほしいという願いがあった。

工場評議委員会制、プレミアム・ボーナス制などは、すべて「自主的」な行動を支援するしくみである。「自主的」であることが「人間的」であるはずだという強い確信がシーボームにはあった。

産業心理学と工場

労働者の自主性を引き出し、労働意欲が高まり、労働者自身が充実感を得ることができる職場が、ロウントリー社のチョコレート工場では追求された。「人間的要因」を内在させた生産システムが模索された。

産業心理学は、そのような生産システムを実現していくための手段の一つだった。工場では、三種類の賃金形態の労働者が混在し、さまざまなトラブルが発生した。心理学的見地からトラブルの要因を分析し、効率性の向上につながるように調整することも、産業心理学部門に期待された役割だった。

三種類の賃金形態の労働者が混在していると、次のような問題が起きた。チョコレート製造は、気温の影響を受ける。夏の気温の高い日には、作業を中断せざるを得ない。作業を中断すると、出来高給の労働者は手取りが減る。しかし、週給の労働者は賃金に影響しない。休みになったと喜ぶ。出来高給の労働者には不満が募る。些細《ささい》なことで、労働者の間で衝突が起きるようになる。小さな摩擦を職場にためこむと、思いがけない事故につながる危険もある。この当時、気温に限らず、作業環境が安定しない状況は頻繁に起きた。機械の故障、燃料の不足、原材料の不足で、頻繁に作業が止まった。

産業心理学部門は、トラブルが生じた作業室の、人間関係、作業手順、ラインの状況、ベルトのスピード、材料の補給、チョコレートの温度など、包括的な調査も行い、「人間的要因」に対する深い洞察を持ち、工場内の「効率性」を向上させることに専門的見解を提示した。

誰をどの部署に配置し、どの賃金体系を適用するか。その労働者に、どの程度の標準作業量を課し、プレミアム制なら、どの程度のボーナスを設定するか。

数千人規模の工場で、考えるべき課題は多かった。産業心理学部門は、労働者の適材適所の配置方法も研究した。採用応募者の選抜にも関わり、一九二三年以降、採用応募者に心理学テストを実施するようになった。テスト実施前は、退職率が二〇～二五％だったが、テスト実施後は五％程度に減少した。(8)

産業心理学部門のような機関が近代的な工場では必要とされていた。ロウントリー社のチョコレート工場は、労働者の自主性を引き出す生産システム実現のための、壮大な実験場のようなものだった。

6章　戦争とチョコレート

1　スイーツ広告とファミリー

ココアとママ

二十世紀に入って、ロウントリー社は数千人規模の従業員を抱える大企業になり、ココアやチョコレートは大量に生産され、大量に売り捌かれるようになった。以前にも増して広告が重要になった。ココアの広告には変わりゆく時代が反映されている。

ココア広告は子どもが定番で、二十世紀になると宣伝用のコピーがつけられるようになった。「Builds Bone and Muscle（骨や筋肉を丈夫にする）」、「AIDS DIGESTION（消化促進）」など、子どもの成長や健康にプラスになることがアピールされた（図表6－1）。

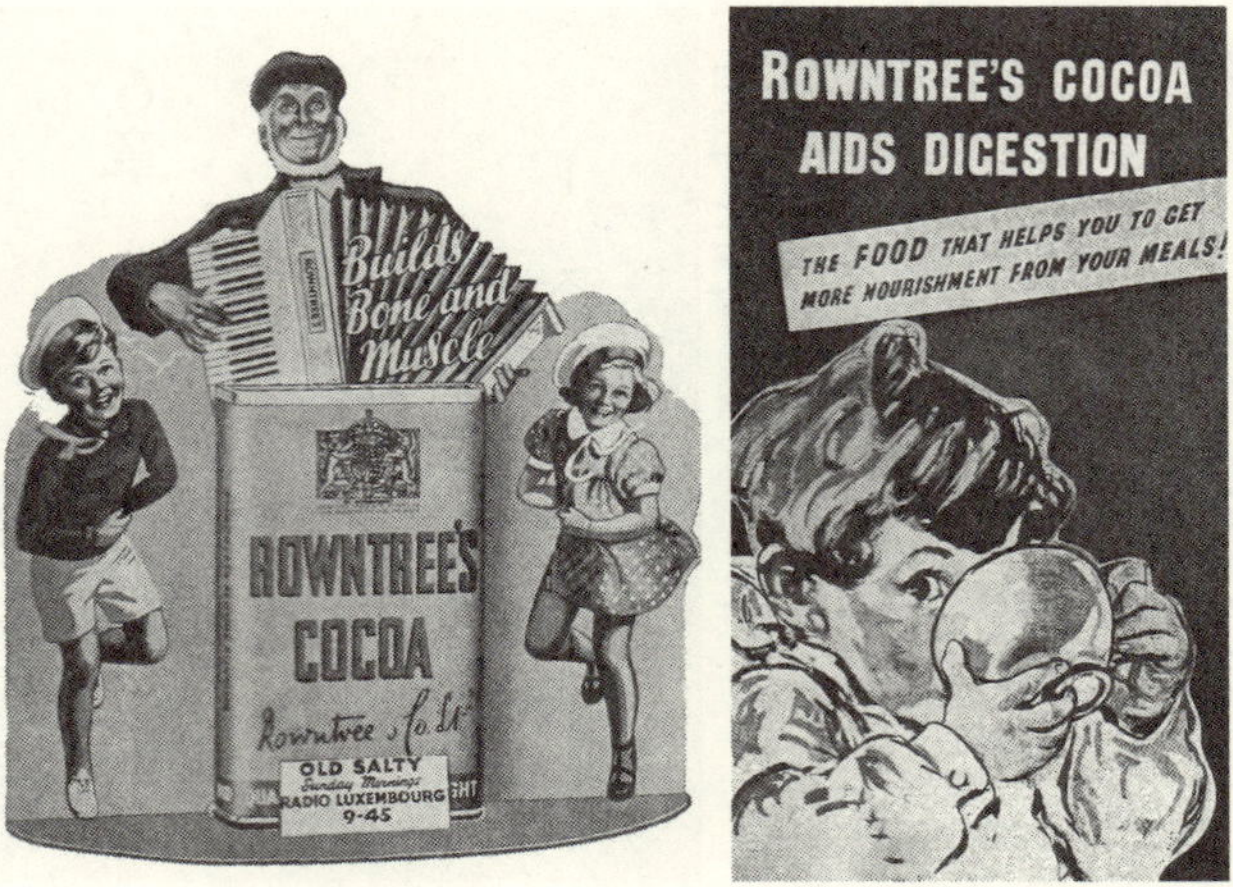

図表6－1　ロウントリー社のココア広告（所蔵：Borthwick Institute of Historical Research, University of York）

ココア広告には、子どもと一緒に母親も登場するようになった。図表6－2からは、ココアの甘い香りと、母親の優しさが伝わってくる。聖母子像を彷彿《ほうふつ》とさせるような構図である。ココアがスイート・ファミリーの至福の時間を作り出すようなイメージで描かれている。ココアは消化促進作用があるので、他の食物の栄養効果を増すことがコピーに記されている。かつて、ココアは薬として大人が飲むもので、多面的な薬用効果が期待されていた。二十世紀になって、子どもの成長に役立つというコンセプトで、効能が宣伝されるようになった。

　ロウントリー社のココアの世界には、理想的な母親像が表現されている。図表6－3には、ココアを使ったレシピが紹介され

図表6-2　ロウントリー社のココア広告（所蔵：Borthwick Institute of Historical Research, University of York）

ている。ココア、砂糖、マーガリンを混ぜあわせ、ホイップクリームのように泡立てる。フワフワのココア・クリームができあがる。この“Butta”をパンやビスケットにつけて、「さあ、たんと召し上がれ」とテーブルに出せば、子どもが大喜びする。ココアで温まる食卓の情景が浮かび上がる。このようにココアの広告には、スイート・メモリーで彩られた家族の物語が描かれるようになった。

　甘いココアは、子どもと女性に近いイメージの食品になった。図表6-4は、第二次世界大戦中の広告である。きりりと働く女性が描かれている。男性労働力が不足し、イギリスでも女性が勤労動員に駆り出された。食料が不足し、必要なカロリーをどのように摂るかが課題の時代だった。ココアは屋外の労働で冷え切った身体を温める。朝からココアを飲めば、厳

図表６－３　ロウントリー社のココア広告（所蔵：Borthwick Institute of Historical Research, University of York）

しい労働も苦にならなくなることが記されている。

ココアを飲んで、栄養を補ったのは子どもや女性に限らない。男性もココアを飲んだ（図表６－５）。とくに非常時には手っ取り早く、カロリーを摂取できる携行食として効果を発揮した。南極探検で有名なスコット大佐も、探検隊の食料としてココアを持参した。スコットがロイヤル・ソサエティと王立地理学会の支援を受けて、イギリス遠征隊を組織し、南極に出発したのは一九〇一年である。このとき、キャドバリー社は三五〇〇ポンド（重量）のココアとチョコレートを探検隊に寄贈した。探検隊のキャンプ地を撮影した写真には、ロウントリー社のエレクト・ココアの缶と、フライ社のココア缶・箱が記録されている。三社のココアをみな持参したらしい。ココア、砂糖、ビスケット、レーズンなどを混ぜあわせ、こってりしたプディングのようなものを作って食べた。[1]

このときの遠征は氷雪にはばまれて、南極には到達することができなかった。しかし、スコットは一九一〇年に再び南極に出発した。この遠征でもココアやチョコレートを持参した。イギリスの人々はスコットの不屈の挑戦に期待した。ロウントリー社の社誌もスコットの探検について大きく扱い、スコットの手記を掲載している。[2] そこには、南極探検隊が食料のことで、周到な準備を重ねたことが記されている。探検中、一九一一年のクリスマスには、ココアを使ったメニューを食べている。[3] ロウントリー社の人々にとって、南極探検が成功するかどうかは他人事《ひとごと》ではなかったのだろう。スコット隊は一九一二年に南極点に到達したが、

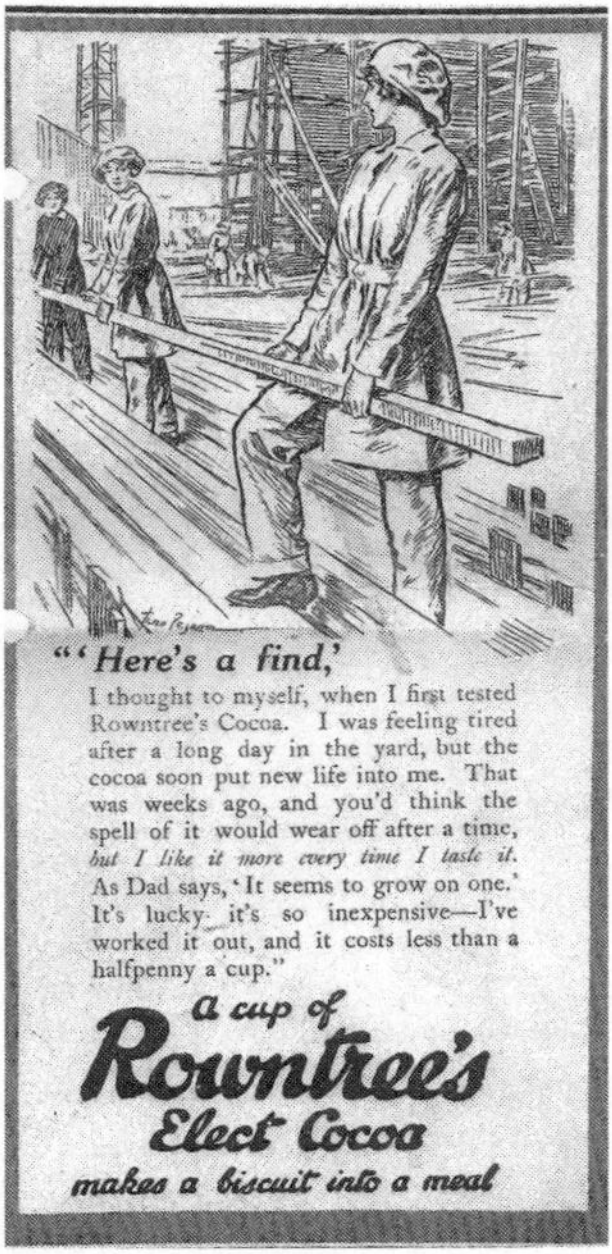

図表6－4　ロウントリー社のココア広告（所蔵：Borthwick Institute of Historical Research, University of York）

図表6－5　ココアを飲む男性を描いたキャドバリー社の広告（著者所蔵。ポストカード）

帰路に遭難し、生還できなかった。

非常時の食品として、スコットの探検以前から、ココアやチョコレートは用いられるようになっていた。一八九九年に南アフリカでボーア戦争が始まり、イギリスは軍隊を送り込んだ。ヴィクトリア女王は、戦地で戦う兵士のため、一九〇〇年の新年のプレゼントとして、チョコレートを用意した。「ロイヤル・チョコレート・ボックス」は兵士のための詰め合わせセットだったが、イギリス本国でも限定された店で同じものを購入することができた。取り扱いはロンドンに店舗がある二店に限られ、そのうちの一店はフライ社のロンドン支店だった[4]。

ブラック・マジックのマジック・パワー

ロウントリー社がチョコレートの販売を本格化させ、箱詰めチョコレート（アソート・チョコレート）を売り出したのは、一九〇九年である。箱詰めチョコレートのなかで、ヒット商品になったのは一九三〇年代に売り出された「ブラック・マジック（Black Magic）」である。「ブラック・マジック」は、消費者に対するマーケット・リサーチをふまえて、販売戦略が練られた。[5]

一九三二年にロウントリー社は、三〇〇〇ポンドの費用をかけて、箱詰めチョコレートの消費者調査を実施した。七都市に住む七〇〇〇人を対象に、チョコレートに対する購買行動と、チョコレート・ボックスのデザインについてインタビューを行った。さらに三〇〇〇人に四五種類のスイーツに対する嗜好を調査し、二五〇〇人の小売業者には価格やマージンについて尋ねた。それまで菓子製造業でこのように大規模なマーケット・リサーチは行われたことがなく、本格的かつ画期的な調査だった。

この結果、明らかになったことは、箱詰めチョコレートは男性が買って、女性にプレゼントしているという事実だった。調査をふまえて、男性が店頭

図表6－6　1933年のブラック・マジックの広告「最高のものだけがあればいい」（所蔵：Borthwick Institute of Historical Research, University of York）

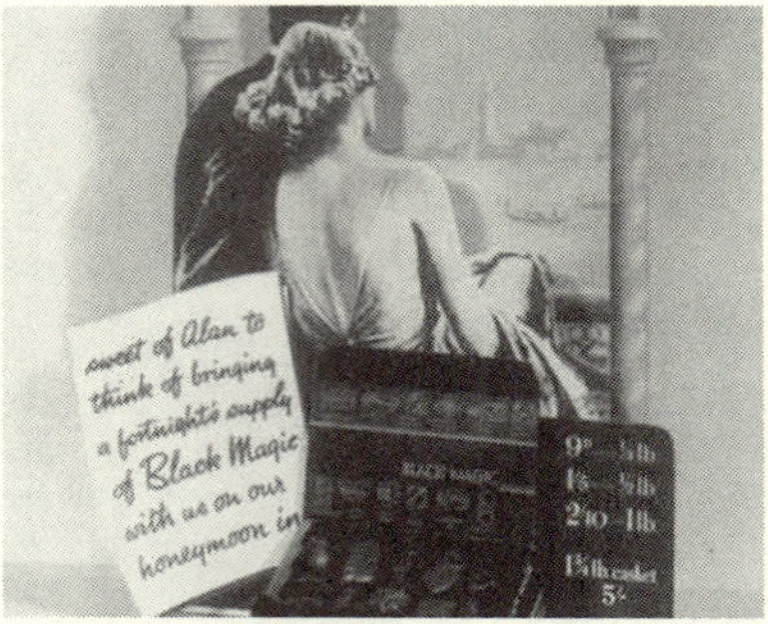

図表6－7　1938年のブラック・マジックの広告　ヴェネツィアのハムネーンに旅立つカップル（所蔵：Borthwick Institute of Historical Research, University of York）

で買い求めやすいように、箱のデザインはシンプルで渋いものになった。広告もヴィクトリア朝風のキッチュなものは避けて、バウハウス風のモダンなデザインが取り入れられた。

広告には、男性から女性へチョコレートをプレゼントするさまざまなシーンが描かれた。「チョコレートを買う人」は男性で、「もらう人」は女性という、明確なコンセプトで消費者に迫ったのである。

エキゾチックな情緒がただようロマンチックなカップルが多く描かれた。図表6－6は一九三三年の広告で、パーティ・ドレスのロマンチックなカップルに「最高のものだけがあればいい」というコピーがついている。図表6－7は一九三八年の広告で、イタリアのヴェネツィアでハネムーン中のカップルをうっとりするような雰囲気で描いている。その前景にブラック・マジックが配され、「ねえアラン、私たちのハネムーンには二週間分のブラック・マジックを持って行きたいわ」というコメントがついている。女性が男性にチョコレートをおねだりしているシチュエーションである。図表

6－8は、二人でデュエットを約束した晩に、男性がブラック・マジックを持ってきてくれたという設定である。歌がうまく、女性の心をつかむことも上手な、洗練された男性である。女性はパーフェクトな晩になったと喜んでいる。

世界で最も甘いパパ

図表6－9は、「世界で最も甘いパパ（the sweetest father in the world）」から娘へのプレゼントである。娘は劇場へオペラ鑑賞へ出かけるところで、エレガントなイブニング・ドレスに身を包んでいる。娘は幕の合間に、エスコートしてくれた男性とチョコレートをつまむのであろう。エレガントなひとときを過ごせるように、父の「甘い配慮」が行き届いている。

　どの広告にも大人の男女が描かれている。登場する女性たちはみな洗練さ

図表6－8　ブラック・マジックの広告　デュエットの晩（所蔵：Borthwick Institute of Historical Research, University of York）

図表6－9　ブラック・マジックの広告　世界で最も甘いパパから娘へ（所蔵：Borthwick Institute of Historical Research, University of York）

れたイブニング・ドレスをまとい、劇場や海外旅行に出かけることが当たり前のような階層の女性たちである。工場でブラック・マジックの箱詰めを作っているワーキング・クラスの女性たちとは異なる階層の男女が宣伝には描かれていった。甘美な味わいに至福のひとときを堪能している者には、甘い箱詰めチョコレートの奥に、日々働くワーキング・クラス女性を思い浮かべることは難しかったかもしれない。

ブラック・マジックは、ビター・チョコレートの詰め合わせとしては業界初の商品だった。とにかく甘いものが好まれるイギリスでは、甘さを抑え、カカオの味わいを売り込むことは画期的な挑戦だった。そのため、ロウントリーという社名よりも、ビターで大人の味わいの商品イメージを強くアピールする広告戦略が採られた。それまで、商品の製造はメーカー、販売は小売店と、役割が分担されていたが、ブラック・マジックの販売では、ロウントリー社が製造から販売まで一括してイメージ・コントロールを行った。これも業界では斬新《ざんしん》な試みだった。

マーケット・リサーチをふまえて、販売戦略が練られたブラック・マジックは大当たりした。一九三〇年代は、ロウントリー社がキャドバリー社と売上競争にしのぎを削っていた時期である。クエーカー出身で、協力しつつ成長してきた同業他社は、よきライバルとして時には競争し、ともに業界のリーディング企業として重きをなすようになっていった。

一九二〇～三〇年代は、第一次世界大戦の復興を経て、社会が大きく変化していった時代である。ストライキが頻発し、どの産業でも企業を経営するのはたやすいことではなかった。業績を伸長させるには、手堅い経営手腕と、革新的な姿勢が必要とされた。一九三〇年代に菓子製造の技術はさらに向上し、多品種のスイーツが製造されるようになった。ロウントリー社では、ブラック・マジックのほか、キットカット（KitKat）、スマーティズ（Smarties）など、長く生産が続く人気のヒット商品が生み出された。

2　キットカットの「青の時代」

キットカットの誕生

キットカットがこの世にデビューしたのは、一九三五年九月である。売り出された当初は、キットカットという名前ではなく、「チョコレート・クリスプ（Chocolate Crisp）」という名

図表6－10　1930年代、チョコレート・クリスプとして販売されていたころ（所蔵：Borthwick Institute of Historical Research, University of York）

前だった。[6] ロウントリー社は毎年秋に、クリスマス用プレゼント菓子を美しくディスプレイして発表していたが、この年の十月に展示されたディスプレイに「チョコレート・クリスプ」がはじめて登場した。[7] クリスプとはサクサク、シャキシャキとした食感を表す語である。チョコレートにくるまれたウェハースが口のなかで砕ける感覚をアピールした商品名で、ウェハースとチョコレートが多層状になっている形状は当初から一貫している（図表6－10）。

キットカットを生み出す試みは一九二〇年代から始まった。[8] 姿かたちも味もまだ現れていないアイデア段階から、このスイーツを具現化する試みを、ここでは便宜的に「チョコレート・クリスプ」プロジェクトと呼んでおこう。プロジェクトの第一歩は一九二六年に始まった。ロウントリー社内はココアやチョコレートなど、製品によって部門が分けられていたが、「チョコレート・クリスプ」はクリーム部門のプロジェクトだった。ウェハースにクリームをはさんでフィンガー（細長いビスケット）を作るからであろう。

現在でも、キットカットが他のチョコレート菓子と異なっているのは、ウェハースとチョコレートが口のなかで甘くサクサクと溶けて、二つの味を一緒に楽しめることである。ここがまさにキットカットのユニークな特徴で、これは製造・販売が始まった当初からのアピール・ポイントであった。ロウントリー社オリジナルのキットカット製造法を記したレシピ・マニュアルが残っている。(9)

それはウェハース生地作り、ウェハースのベーキング（焼成）、間にはさむクリーム作り、レイヤー（ウェハースにクリームをはさみ三層にする）、カッティング、熟成の六つの工程に分けて記されている。このような工程を経て、キットカットの中心部分ができあがる。これはフィンガーと呼ばれた。フィンガーにチョコレート・コーティングがされて、キットカットができあがる。オリジナルレシピでていねいに説明されているのは、フィンガー部分の製造法である。層状に重ねられたウェハースのフィンガー・ビスケットはまさに「チョコレート・クリスプ」の核だった。

キットカットを誕生させるために最も難しかったのは、ウェハースを薄く均等な厚さに焼き上げることだった。キットカットを生み出す以前、ロウントリー社はチョコレート原材料の混合の割合をかえて、さまざまなバリエーションのチョコレートを作っていた。チョコレートそのものの製造が主流で、箱詰めチョコレートが主力商品だった。キットカットは、それとは違って、ウェハースとチョコレートという異種の素材を組み合わせた、チョコレート加工菓子である。チョコレート加工菓子の製造では、チョコレート以外の「加工」に熟練した技術が必要になる。「チョコレート・クリスプ」製造でも、課題はウェハースの大量生産だった。

「チョコレート・クリスプ」プロジェクト

初期段階で苦心したのは、オーブンに入れる鉄板の上に、ウェハース生地を薄く均等にスプレッド（散開）させることだった。厚さが不均等になりがちで、薄いところがあれば、ウエハースはそこから割れてしまう。一九二六年の六月から生地スプレッド・マシーンの検討をはじめ、各社のスプレッド用ノズルを調べている。二七年五月末にはロンドンの菓子機械メーカーから一ヵ月間、マシーンをレンタルして試用した。生地の厚さにむらが出て、このマシーンの購入には至らなかった。クリーム部門の責任者は、自前のマシーンを製造するほうが早道なので、マシーンの設計に着手してくれるようにエンジニアリング部門に依頼している。ロウントリー社には充実したエンジニアリング部門があり、ここでは数々の菓子製造機械が作り出され、改良が重ねられた。

一九三二年に入ると、ベーキング（焼成）用マシーンの試用テストが重ねられた。ウェハースを一シート焼き上げる目標時間は三分だった。ロウントリー社側の問い合わせに対して、機械メーカーは二分三〇秒まで短縮することが可能と答えている。ロウントリー社のプロジェクト担当者は、二月十二日には焼き上げ時間をスピードアップさせて、二分四二秒を試し、翌十三日には二分二七秒、二分二秒、二分三二秒を試し、不良品の発生率もカウントした。二分二秒はさすがに短く、焼き上がらない部分が出てしまい、不良品が三分の一も出てしまった。週末をはさんで、二月十五日には二分四九〜五二秒が適当だろうという結論を出している。「秒」を競うマシーンへのこだわりは、キットカットを生み出す陣痛のようなものだった。一九三五年に「チョコレート・クリスプ」が発売されたあとも、ベーキング方法の改良は続いた。一九三六年にメーカーに送った書類には「自分たち（ロウントリー社側）ももっと経験を積むと、生地をより上手にスプレッドさせて、もっと堅くしっかりしたウェハースが焼けるようになるだろう」と記している。販売量が増加するにしたがって、品質が安定したウェハースをより大量に生産する必要があったのだろう。

ウェハースのシートにクリームをはさんで、ウェハースが三層に重なったレイヤーを作ったあと、一本ずつのフィンガーに切り分けるときの、カッティング技術を向上させることも必要だった。ヘーゼル・ナッツを主原料とするクリームをウェハースにはさんでから数時間

図表6-11　チョコレート・クリスプ製造のためのカッティング・マシーン
（所蔵：Borthwick Institute of Historical Research, University of York, R/DT/EE/18）

は、クリームはまだ柔らかい。カッティングが早すぎると、ウェハースがクリームの上ですべってしまい、不良品発生率が高くなってしまう。低温で一二時間以上貯蔵してからカッティングした。カッティングはけっこう難しい技術で、機械メーカーと相談して、マシーンの改良が重ねられた（図表6-11）。マシーンの扱いやすさは労働コストに影響する。一九三八年には新規のカッティング・マシーンを購入する計画があって、一台のマシーンにつき、「day（昼間の就業時間帯）」に二人の「boy」に操作させたほうがいいか、「night（夜間操業）」に二人の「youth」にさせたほうがいいか計算されている。「boy」は義務教育を修了して就業しているが、夜間操業に就くことはまだ禁止されている年齢の年少労働者だったのだろう。二人の「boy」の週当たりコストは一一六ポンド、二人の「youth」は一二〇ポンドで、「boy」を昼間に使うほうがコストは安くあがるという結論であった。

ちなみにおいしいフィンガーを作りあげるには、カッティングのあとの「熟成」が重要である。最少でも七日間はフィンガーをねかせて、ウェハースとクリームをしっとりと密着させる。「熟成は、よいフィンガーを作りあげるための、最も本質的なプロセスなのです」とレシピ・マニュアルには記されている。このように一九三五年に誕生したあとも、一九三〇年代後半には製造マシーンの改良が続けられた。この時期のヨーロッパは、ヒトラー率いるナチス・ドイツが台頭し、第二次世界大戦の暗雲が次第に垂れ込めていった時期でもあった。

キットカットのみぞ

ウェハースとならんで、キットカットのもう一つのユニークな特徴は「みぞ」である。「みぞ」があるので、割って食べやすくなっている。フィンガーが「みぞ」をはさんで四つつながっている形状を四フィンガーと呼ぶ。オリジナルの「チョコレート・クリスプ」の基本形は四フィンガーで、一九三〇年代には二ペンスで売られていた。まもなく、ハーフ・サイズの二フィンガーが製造されるようになり、半額の一ペンスだった。どちらも手ごろな価格である。

この特徴ある「みぞ」については、次のようなエピソードが言い伝えられている。「チョコレート・クリスプ」は、男性が仕事場で、昼食や休憩時間に食べやすいチョコレート菓子を作り出そうというアイデアから生まれたものだという。想定されている男性は、オフィスで働くホワイト・カラーではない。現代のように栄養がゆきとどいた状況ではない時代では、ワーキング・クラス男性がきつい労働をこなすために、どのようにカロリーを補給するかは重要な社会問題であった。

「チョコレート・クリスプ」は、朝早くから身体を動かして働いていた男性が、ほっと一息ついて、立ちながら、または歩きながら、チョコレートをパキッと割って口に流しこみ、次の仕事にとりかかるエネルギーを補給することを想定して作り出されていったという。座るひまもないワーキング・クラスの人々が口に運びやすいようにという配慮が反映されているのが「みぞ」なのである。

キットカットが誕生するひと時代前には、仕事に向かうエネルギーをアップさせたいとき、労働者が手にするものはアルコールだった。二十世紀前半の欧米社会では、ワーキング・クラス男性が労働のために朝からアルコールを手にすることは見慣れた光景だった。イギリスの伝統あるパブリック・スクールのイートン校でさえ、生徒用の朝食にビールが出された。アルコールは手っとり早く血糖値を上げて、朝いちばんの活動にとりかからせるエネルギー発火装置として手ごろだったのである。

アルコールへの耽溺は、労働者の身体や意欲を損なうだけではない。アルコール常習者は工場を休みがちになる。工場の欠勤率が高まり、工場経営者を悩ませる。社会的にも、血糖値を上昇させる他の手段が必要だった。

アルコールに代わる代替物としてワーキング・クラスの生活に大きな比重を占めるようになっていったのが、紅茶である。砂糖を入れた温かい紅茶を胃に流しこめば、身体も温まり血糖値もあがる。しかし、紅茶だけで何杯もガブ飲みできるものではない。お茶うけが必要である。チョコレートは甘くてお茶もすすみ、血糖値がさらにアップする、すぐれたカロリー補給食品だった。キットカットの「みぞ」は、アルコールの代わりに、紅茶と一緒に甘いものを胃袋に流しこむ習慣が広がっていった歴史を反映しているのである。

キットカットのなぞ

キットカットがいまもグローバル・レベルで人気を保っている理由の一つは、覚えやすいその名前にあるだろう。「Kit Kat」とk音とt音が二度繰り返されて、頭韻と脚韻を踏んでいる。覚えやすく、歯切れのよい名前である。誰がどのような理由で命名したのか、誕生地ヨークの町でも多くの人が関心を持ち、名前の由来が探索されてきた。不思議なことに、確証ある定説はなく、複数ある説はいずれも都市伝説の域を越えない。

最も流布している都市伝説は次のようなものである。十八世紀のロンドンに「Kit-Cat

Club」というものがあった。シティの近くに、法律関係者の事務所が多く集まっているテンプル・バーという地区がある。そこのシャイア・レーンというストリートに、羊肉のパイで有名な「Kit-Cat Club」があった。Kit Katという名は、この店の名にちなむというものである。ここはホイッグ党支持者のたまり場だった。ホイッグ党の支持者は商工業者や非国教徒で、十九世紀に自由党へと発展的に解消されていった。王権支持の保守勢力のトーリー党と対抗し、自由貿易を主張した政治勢力である。ロウントリー家をはじめとするクエーカーは、自由党の支持勢力である。キットカット誕生当時の社長だったシーボーム・ロウントリーは自由党の首相経験者であるロイド・ジョージの信頼が厚かった。ロウントリー家は自由党と縁が深かったから、いくつかある都市伝説のなかでも、この説明が最も落ち着きがよいのかもしれない。

一九三五年の誕生時には「チョコレート・クリスプ」と呼ばれていた。その二年後に、キットカットの語がついて、「キットカット・チョコレート・クリスプ」と呼ばれるようになった。一九三〇年代に、「キットカット」と「チョコレート・クリスプ」の二語が切り離されることはなかった。本家はあくまでも「チョコレート・クリスプ」のほうなのである。

一九三五年にキットカットが誕生して四年後の一九三九年に第二次世界大戦が始まった。人間にたとえれば、キットカットがまだ幼児のころに戦争が始まったといえるだろう。イギリスでもすべてが戦時体制にシフトしていった。ロウントリー社を含むココアやチョコレートのメーカー各社は卸売業者たちとともに、一九四〇年代初頭にココア・チョコレート統制委員会を結成させられ、食糧省の指導下に入ることになった。

戦争が始まり、原材料の不足から、食料品の消費者価格は高騰した。一九四一年五月には、国民に供給するチョコレート製品の価格を統制することになり、各社は統制の対象品を申請するように指示された。変更点があれば、書類に併記する必要があった。ロウントリー社は「チョコレート・クリスプ・キットカット」を統制対象として申請することにした。六月に行われた委員会の会議資料には申請品一覧表が添付されている。そこの備考欄に、ロウントリー社は、製品名はただの「キットカット」にしますと記している。[10]

「キットカット」と聞くと、赤と白のラッピング・ペーパーを思い浮かべる人が多いだろう。ところが、キットカットには「青の時代」があった。第二次世界大戦中は、青のラッピング・ペーパーだった。

一九四二年に使われていた青のラッピング・ペーパーの実物がある[11]（口絵1）。そこには、「チョコレート製造に使うミルクを充分に入手できないため、平和な時代（peace-time）に召し上がっていただいていたチョコレート・クリスプをいまは作ることができません。キットカットは現在調達できる原材料で作ることができる最も近い味のものです」と書かれている。不足の材料で作ったこれは「チョコレート・クリスプ」ではなく、ただの「キットカット」です、ということになる。青のラッピング・ペーパー、単独の「キットカット」の語には、チョコレート用の原材料の入手もままならない「冬の時代」、「war-time」が反映されている。ラッピング・ペーパーに書き込まれた「peace-time」の語には、みなが満足なチョコレートを口にできる、平和な時代が早く復活することへの願いがこめられているように見える。「キットカット」という名称が「チョコレート・クリスプ」から切り離されて、単独で用いられることは、戦時中の一九四一年に始まった。「力が出るものをみんな必要としている(What active people need)」が戦時中のキャッチ・コピーだった。キットカットは配給品の一つになって、生き延びていったのである。

3　戦地のチョコレート

ジャングル・チョコレート

チョコレートは戦地で実戦に臨む兵士にとっても、貴重なカロリー補給食品だった。ロウントリー社は、兵士への配給食品として、ビタミンを添加した各種チョコレートを製造していた[12]（図表6-12）。「パシフィック&ジャングル・チョコレート」という気温の高い熱帯地域でも溶けないチョコレートも製造されている。シンガポールやビルマの戦線のイギリス兵士に配給されたのだろう。高カロリーのチョコレートは戦時の携行品として欠かせないものだった。それにしても、熱帯でも溶けないチョコレートの主原料とはいったい何だったのだろうか。

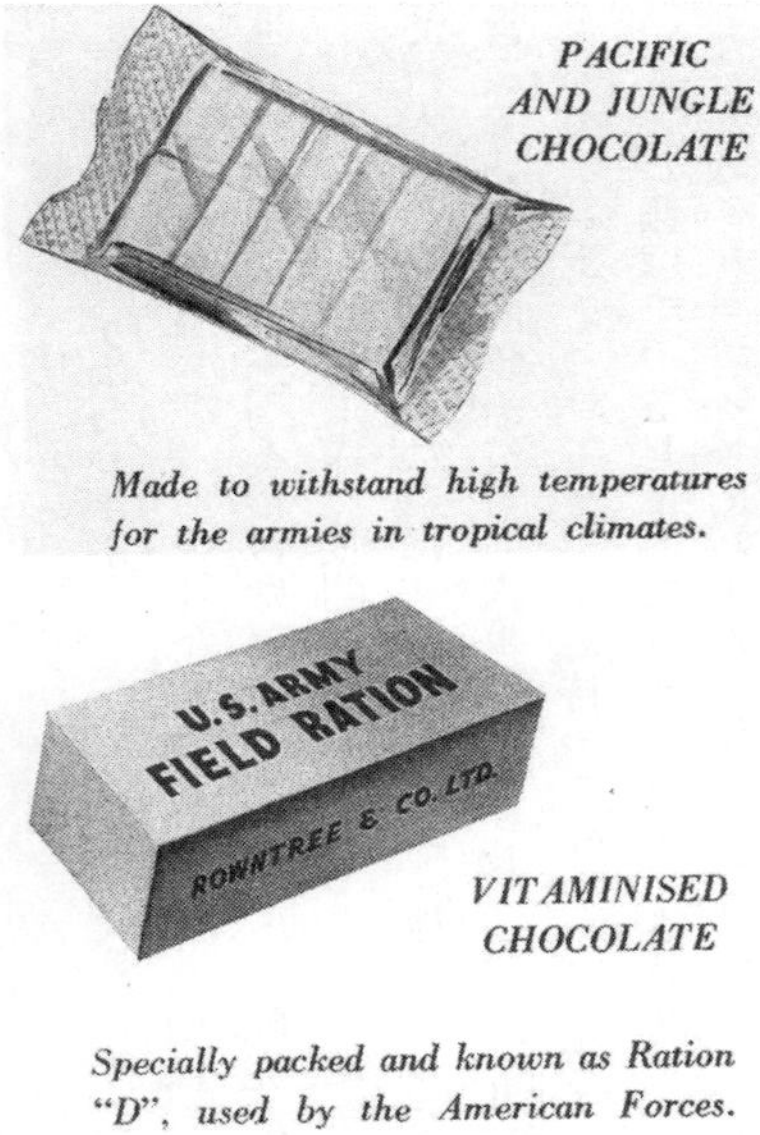
PACIFIC AND JUNGLE CHOCOLATE
Made to withstand high temperatures for the armies in tropical climates.
U.S. ARMY FIELD RATION
ROWNTREE & CO. LTD.
VITAMINISED CHOCOLATE
Specially packed and known as Ration "D", used by the American Forces.

図表6-12　第2次大戦中、ロウントリー社が製造した従軍兵士用のチョコレート　上は「太平洋地域・ジャングル地域のチョコレート」、下は「ビタミン添加チョコレート」（The Cocoa Works in War-time, 所蔵：Borthwick Institute of Historical Research, University of York）

日本のグル・チョコレート

熱帯で溶けないチョコレートが作られていたのは、イギリスだけではない。実は、第二次世界大戦中、日本でも溶けないチョコレートの開発が進められていた。

一九二〇~三〇年代の戦間期に、日本でも徐々にチョコレートが知られるようになっていた。入手しやすかったのは、「玉チョコ」「棒チョコ」だった。大正期に東京で菓子卸売業を営んでいた竹内政治《たけうちまさはる》(のち大東カカオ社長)は、一九一八年に愛知県に里帰りしたとき、森永製菓の「玉チョコ」を土産に持って帰った。「玉チョコ」はまんなかにクリームが入っていて、外側はチョコレートでコーティングされていた。チョコレート菓子をはじめて見た姉は、外側のチョコレートを食べるものだと思わず、爪《つめ》でチョコレートをはがして、なかのクリームだけ食べた[13]。褐色の固形物が食品だという概念がなかったのだろう。

一九二三年に竹内は、チョコレート製造を志して、森永の工場を訪問した。創業者の森永太《た》一郎《いちろう》自らが工場で働いていて、機械や製造方法をていねいに説明してくれた。一通りの見学を終えると、昼食に誘ってくれて、チョコレート製造について熱心に語った[14]。刺激された竹内は、スイスのビューラー社の機械を購入し、一九二九年にカカオ豆からチョコレートへの一貫製造を実現させ、竹内商店として原料チョコレートの卸売業を始めた。森永では六〇〇匁入り一箱が二円だったので、竹内商店では一円八〇銭で売った。

卸売りを始めると、原料チョコレートはとぶように売れた。昭和期にはチョコレート加工業者が増えて、原料チョコを仕入れ、「玉チョコ」などに加工して販売した。一九三三年に竹内商店では四人で一日に一トンを生産していたが、加工業者が買い取りに来て、箱詰めすると同時に売れて、売れ残りが出ることがなかった。日本人もチョコレートの味にだんだんと慣れていったのである。[15]

戦争が始まると、そのような景気のよい話も終わった。一九四〇年十二月を最後にカカオ豆輸入はストップした。あとは軍の医薬品、食料品製造のため、指定された業者にだけ、軍ルートでカカオが配給されるのみとなった。医薬品として、ココアバターから解熱剤や座薬が作られた。カカオは軍用にマレーシアから輸送されてきた。

竹内商店は大東《だいとう》製薬工業株式会社に名称を変え、海軍省から受注した航空機と潜水艦のための「居眠り防止食」と「振気食」を製造した。飛行機の操縦士は復路に催眠にかかったように眠くなるという。眠気を覚醒《かくせい》させるため、チョコレートにカフェインを混ぜたものが「居眠り防止食」だった。航空機用の製造は簡単だったが、難しかったのは潜水艦用である。潜水艦の内部は、ときに摂氏四〇度に達する。「溶けないチョコレート」が必要だった。大東製薬では、特殊な機械で圧縮し、「溶けないチョコレート」を製造した。[16]

南方戦線では、現地のカカオを使って、軍用チョコレートが生産された。陸軍と海軍の要請で、森永製菓は五〇人の従業員をインドネシアに派遣し、一九四二年からチョコレート生産にあたった。明治製菓も陸海軍の要請で、一九四三年からインドネシアで「溶けないチョコレート」の生産を開始した。熱帯で「溶けないチョコレート」とは、おそらくココアバターの代わりの代用油脂に、融点の高いものを用いたのであろう。

一九四〇年から一九五〇年までの一〇年間、日本国内へのカカオの輸入は止まったため、代用品を用いた「チョコレート」開発が進んだ。甘味には砂糖の代わりにグルコース（ブドウ糖）を用いたため、「グル・チョコレート」と呼ばれた。カカオの代わりの主原料として用いられたのは、百合根《ゆりね》、チューリップ球根、オクラ、チコリ、芋類、小豆などである。ココアバターの代わりには、大豆油、椰子《やし》油、ヤブニッケイ油などが用いられた。バニラで香りをつけると、「グル・チョコレート」ができあがった(17)。

戦後に国産チョコレートが復活するまでの間、進駐軍に「ギブ・ミー・チョコレート」とねだったのは、よく知られた話である。進駐軍が放出したハーシー社のチョコレートが闇市《やみいち》に出回った。

7章　チョコレートのグローバル・マーケット

1　チョコレートのナショナル化

中間層のスイーツ

一九四五年に第二次世界大戦は終結したが、戦後数年間は食料不足が続き、イギリスではパン、牛肉、砂糖、バター、チーズ、ミルク、卵などの配給制度が続いた。そのころのキットカットの広告には、「提供できる商品は全国平等に配布しております。商店主の方々も限られた商品をお客さまに平等にお分けするように努めております」という一文が記され、イギリスの戦後復興期の雰囲気が伝わってくる。(1)

やがて、食料事情は平時に戻り、おなじみの赤白のラッピング・ペーパーも復活した。そこには「Four Crisp Wafer Fingers KIT KAT（四本のクリスプ・ウェハース・フィンガーズ・キットカット）」と印刷されている。戦時中は切り離されていた「Crisp」と「KIT KAT」の語が、また一緒に記されるようになった。ロウントリー社では、サクサク、シャキシャキ感の「Crisp」に強いこだわりがあったことがうかがえる。

戦後にキットカットの販売も本格的に拡大していった。キットカットをどのようにプロモーションするか。キットカットの広告デザインには、販売戦略の試行錯誤の跡がうかがえる。図表7－1には、洗練された衣服を身につけた女性が、午後のお茶の時間に、キットカットを上品にいただくイメージがデザインされている。銀器の上にレース・ペーパーが敷かれ、きれいに切り離されたキットカットが、フィンガー・ビスケットのように並べられている。しとやかな女性が、品良くビスケットを口に運ぶ雰囲気が伝わってくる。キットカットがパキッと割れる音は聞こえてこない。

図表7－1　キットカットの広告（所蔵：Borthwick Institute of Historical Research, University of York）

それに対して、図表7-2には元気な男の子が登場している。キットカットがサクッと割れる音が聞こえてくるようだ。この後のキットカットの広告は、「お上品」路線をあきらめて、割って食べる「食べやすさ」を強調する路線になっていった。

キットカットのコピーには、イギリスの戦後の世相が反映されている。戦後はまず胃袋を満たすことが最優先課題だった。「The meal between meals!（食事の間の食事）」というコピーは、昼食と夕食の間に、紅茶と一緒にお腹に流しこむ軽食として最適であることをアピールしている。[2]

図表7-2　キットカットの広告（所蔵：Borthwick Institute of Historical Research, University of York）

「The biggest little meal in Britain!（イギリスでいちばん大きな軽食）」というコピーは、食いしん坊の食欲をそそる[3]（図表7-3）。このコピーはさまざまなイラストを用いて宣伝された。その一つに、いかにも郊外住宅地の一戸建てに暮らすスマートな主婦が家事にいそしん

図表7－3　「The biggest little meal in Britain！（イギリスでいちばん大きな軽食）」（所蔵：Borthwick Institute of Historical Research, University of York）

でいるイラストがある（図表7－4）。午後の家事の合間のスイーツとしておすすめです、というような図柄である。このイラストには「たったの二ペンスで、二時間は安定して栄養を補給できます」というコピーと、次のような詳しい説明がついている。

「最高の品質のバターとクリーミーなミルクを用いて作られたチョコレートではさみこんだビスケットです。このようなユニークなチョコレート・コーティングのお菓子は、血糖値をゆるやかに上昇させるので、あなたのパワーを長時間持続させます。これがthe biggest little mealである理由です。どんな仕事も楽々こなせるエネルギーを与えてくれるでしょう」。どうやら、ミドル・クラスの主婦を含めた幅広い層に、キットカットの愛好者を増やそうとした戦略であったらしい。

イギリス人の食生活が豊かになっていった時代を反映しているのが、「Two-course meal

for 2d and butter free!（二ペンスで二品の味が楽しめます、バターは入っていません）」である。(4) “Two-course”（二コース）料理とは、スープ、魚、肉、デザートなどのなかから二皿選択できる食事のことである。日常的に品数の多い食事が楽しめるようになったのだろう。味のバラエティを楽しむ消費者の嗜好が反映されている。品数が増えれば、カロリーの摂りすぎが逆に心配になる。「butter free」には、チョコレートとウェハースの二味が楽しめるにもかかわらず、バターを使っていないので、カロリーは高くありません、というアピールが表れている。

図表7－4　ミドル・クラス主婦とキットカット（所蔵：Borthwick Institute of Historical Research, University of York）

ダイエットに敏感な消費者が登場する一方で、甘いもの好きの大食漢の消費者も健在だったのだろう。一二個パック、二四個パックのキットカット・セットも売り出された。「A tip for tea!（紅茶にひと口どうぞ）」というコピーがついている。(5) 家族みんなでキットカットをつまむ、歯の溶けそうな家族や、午後の休憩時間に、おしゃべりしながら同僚とキットカットをつまむ職場の光景などが目にうかぶ。

Have a Break 路線

食事自体が豊かな時代になって、キットカットを「meal（食事）」と表現する路線は終わった。代わりに始まったのが「Have a Break」路線である（図表7－5）。それまでは、ラッピングに「Four Crisp Wafer Fingers KitKat」と、「Crisp」「KitKat」の併記が続いていたが、「Have a Break」路線が始まって、「Crisp」の語は消えた。また、ラッピングに書いてあった「made by only Rowntree（ロウントリーだけのオリジナル製品）」という一文も消えて、「Have a Break, Have a KitKat（ひと休みしよう、キットカットを食べよう）」と印刷されるようになった。[6]「break（休憩時間）」の身近な友であることを思い出してもらうため、ラッピングに掲載する内容を整理したのだろう。キットカットは、「Crisp」から親離れして、独立していった。もっとも、キットカットのコーティングしたチョコレートの表面には「ロウントリー」と刻まれていたから、消費者はフィンガーを食べるたびに、ロウントリーの名

図表7－5　Have a Break 路線（所蔵：Borthwick Institute of Historical Research, University of York）

を目にしたはずだ。

一九六二年五月のラッピングに「Have a Break」の一文はまだ印刷されていないが、十一月のラッピングには「Have a Break, Have a KitKat」が登場している。今も続くこのコピーは、一九六二年秋から始まったらしい。これは、イギリスで大量生産・大量消費の経済成長が本格化した時期に当たる。経済成長期のライフスタイルに合わせて、忙しい仕事の合間、午後にほっと一息つくときの手軽なスイーツとして、キットカットは売り込まれていった。男性も休憩時間に、手軽に食べやすい製品であることがアピールされた（図表7－6）。

図表7－6　キットカットの広告（所蔵：Borthwick Institute of Historical Research, University of York）

イギリス社会では、「break（休憩時間）」が持つ意味は深い。ワーキング・クラスにとって、午後の休憩時間は労働者として獲得してきた慣習的な権利の一つである。きつい労働に長時間従事する人々に、午後のカロリー補給は欠かせ

図表7－7　イギリスにおける ビスケットの消費量

（単位：トン）

	チョコレート・コーティングのビスケット	すべてのビスケット
1950	53	343
1951	73	409
1952	93	426
1953	91	459
1954	84	469
1955	90	484
1956	104	511
1957	115	519
1958	110	523
1959	105	514

出典：Rowntree and Co. Collections R/DD/MG/2より著者作成

ない。工場労働者が増加し、団結して、「ブレイク」の時間は不可欠であることを経営者に訴え、休憩時間を獲得してきた。アルコールによって気合いをいれる方法ではなく、午後の長い労働の合間に、紅茶と甘いものによってエネルギーを補給する「ティー・ブレイク」が社会的に確立されてきたのである。「ブレイク」にはイギリス人の労働と栄養補給の歴史が反映されている。

一九五〇年代後半から一九六〇年代前半は、イギリスに豊かな社会が実現し、消費支出が拡大した時代である。週当たりの平均賃金は、一九五〇年に七・五ポンドだったが、一九五五年は一一ポンド強、一九六四年は一八ポンド強になり、国民の所得は急速に上昇した。消費者支出は一九五二〜六四年に四五％上昇し、自動車、テレビ、家電製品の購入が進んだ。[7] それとともに、食費、飲料費の支出は拡大し、消費者の嗜好は急速に変化していった。

図表7－7はチョコレート・コーティングされたビスケット消費の伸びである。一九五〇

年は五三トンだったが、五九年には一〇五トンに伸びた。一〇年間に消費量は約二倍に増えた。ただのビスケットよりも、チョコレート・コーティングされて二味を楽しめる付加価値の高い商品のほうが消費者をひきつけた。

イギリス国内でも、キットカットの売れ行きは地域によって異なっていた。図表7－8は、人口一〇〇〇人当たりのキットカットの消費トン数である。スコットランドや、イングランド／スコットランドのボーダー地域での消費量が大きい。キットカットを頻繁に口にする消費者も北部のほうが多い。

図表7－8　人口1000人あたりのキットカットの消費量

（単位：トン／1000人）

スコットランド	0.43
イングランド／スコットランドボーダー地域	0.42
イングランド北部	0.31
ミッドランド	0.26
イングランド西部・ウェールズ	0.19
ロンドン・イングランド東部	0.25

出典：Rowntree and Co. Collections R/DD/MG/2/4より著者作成

キットカットは、チョコレート・コーティングのビスケットに分類される。なぜ北部のほうでより好まれたのだろうか。思い当たるのは、スコットランドの有名な伝統食の一つ、オーツ・ケーキ（オーツ麦製のビスケット）である。オーツ麦は寒冷なスコットランドで栽培される主要穀物の一つである。スコットランドの各集落にはオーツ麦を挽く共同の製粉所があった。グルテンの含有量が少ないため、焼いてもパンのようにはふくらまず、ウエハースのように扁平《へんぺい》に焼き上がる。オーツ・ケーキは

図表7－9　ロウントリー社の各商品に投入した宣伝費（1955〜58年）

（単位：ポンド）

商品名	1955	1956	1957	1958
	宣伝費	宣伝費	宣伝費	宣伝費
ガム・キャンディ類	190, 083	196, 332	299, 476	322, 761
キットカット＊	115, 947	122, 092	173, 331	225, 739
ポロ	247, 467	247, 246	179, 554	173, 802
スマーティ	112, 464	114, 455	154, 876	173, 288
ディリー・ボックス＊	113, 179	103, 201	137, 591	169, 529
ジェリー類	143, 880	175, 988	146, 772	150, 691
アエロ＊	83, 496	113, 618	115, 200	133, 496
ブラック・マジック＊	104, 964	84, 575	109, 667	114, 492
ココア	35, 741	25, 628	29, 481	18, 142
その他	50, 262	28, 400	75, 986	94, 222

＊はチョコレート菓子。出典：Rowntree and Co. Collections R/DF/AA/44/5-6 より著者作成

中世のころからスコットランドの主食の一つだった。キットカットの中心部のウェハースは、オーツ・ケーキを日常的に食べるブリテン島北部の消費者の好みにあっていたのかもしれない。

「Have a Break」路線は、午後から夕方にかけての「ティー・ブレイク」時間帯に、口に入れてもらうことをめざしていたので、ロウントリー社のなかでは「トワイライト(twilight＝夕暮れ)」路線と呼ばれていた。[8]

消費者調査でも、エネルギー補給の実感が得られ、胃もたれもなく、午後に快適なコンディションが持続する「気分転換」食品として、好意的な評価が得られていた。

テレビ時代の申し子

図表7－10　キットカット宣伝費：
各メディアに投入した宣伝費の割合（1956～58年）

	1956	1957		1958	
	ポンド	ポンド	割合（%）	ポンド	割合（%）
新聞・雑誌	—	240	0.1	50,514	22.4
ポスター	90,367	77,826	44.9	16,703	7.4
テレビ	—	63,404	36.6	113,798	50.4
見本カード	10,956	19,156	11.1	18,484	8.2
その他	20,769	12,705	7.3	26,240	11.6
合計	122,092	173,331	100.0	225,739	100.0

出典：Rowntree and Co. Collections R/DF/AA/44/5より著者作成

ロウントリー社は、テレビ広告への参入も早かった。イギリスでは一九五四年に、ＩＴＶ（独立テレビ放送網）を設立する法案が可決された。ＩＴＶは広告を収入源とするテレビ放送網である。イギリスでは、テレビ視聴ライセンスの保有者は、一九四六年には一万五〇〇〇人だったが、一九五六年には五〇〇万人を超えた（一九五六年のイギリスの総人口は約五一〇〇万人）。テレビ受像機の台数は一九六〇年には一〇〇〇万台に達した。[9] テレビが広告メディアとして威力を発揮する時代に突入した。有効に対応すれば、需要は拡大する可能性があった。それを予想して、ロウントリー社ではテレビＣＭについて早くから準備を整えていた。キットカットのテレビＣＭが始まったのは一九五五年である。[10]

図表7－9は、一九五五～五八年にロウントリー社が各商品に投入した宣伝費の変化である。キットカットと、キャンディ類の宣伝に主力をおいたことが読みとれる。図表

図表7-11　1957年の各商品の宣伝費と売上高

（単位：ポンド）

商品名	宣伝費	売上高
ガム・キャンディ類	299,476	3,063,928
キットカット＊	173,331	4,014,369
ポロ	179,554	1,262,456
スマーティ	154,876	2,749,422
ディリー・ボックス＊	137,591	2,628,917
ジェリー類	146,772	1,617,787
アエロ＊	115,200	3,171,794
ブラック・マジック＊	109,667	2,407,386
ココア	29,481	4,246,222
その他	75,986	82,928

＊はチョコレート菓子。出典：Rowntree and Co. Collections R/DF/AA/44/5より著者作成

7-10は、一九五六〜五八年にキットカットにかけた宣伝費のうち、各広告メディアに投入した宣伝費の割合である。五七年にはテレビCMの割合は三六・六％であったが、翌五八年には五〇・四％にアップした。図表7-11は各商品の売上高である。キットカットの売上高は大きく、テレビのCM効果は抜群だった。

図表7-12は、一九五八年のロウントリー社における各スイーツの生産予定トン数である。キットカットの生産量が最も多く予定され、キットカットは、押しも押されもせぬロウントリー社の主力商品だった。キットカットはテレビCMの申し子で、六〇年代初頭には「キットカット」のロウントリー社になっていた。

テレビではどんなCMが流されていたのだろうか。たとえば、一九五〇年代後半にオンエアされていたのは次のようなCMだった。(11) 中年のミドル・クラスの主婦が、台所でひと仕事を終えて、ほっと一息ついて、午後のお茶の支度を始める。キットカットが取り出され、サ

クッと割ってみせて、キットカットのなかにウェハースが入っていることを「Crisp」の語を使いながら説明する。「ミルク・チョコレート」でコーティングされている、「四本のフィンガー・ビスケット」で、「ロウントリー社製」等の語が印象に残るように構成されている。

この時期のCMでは一五秒で、キットカットを食べるさまざまな人物が登場した。必ず二人で、紅茶を飲む場面である。会社で働くOLの二人がタイプを打ち終わって、キットカット。男女の警察官が、町のスタンドに入って、紅茶を立ち飲みしながら、キットカット。日曜大工にいそしんでいる夫のもとへ、妻が紅茶のカップを二人分運んでキットカット。食堂の裏方で働くワーキング・クラスの男性が、廊下で紅茶のカップを抱えて、キットカット。女子学生二人組がダンスの練習を終えて、キットカット。卓球をしていた男子大学生が、ひとしきりラリーに熱中したあと、キットカット。

ワーキング・クラスからミドル・クラスに至るまで、老若男女、多種多様な職業の人々が、何かの作業の合間に、ほっと一息つく場面がクローズアップされている。多くの人は、立ったままで、二人で一緒にキットカットを食べる。「Crisp」「ミルク・チ

図表7－12　1958年の各商品の生産予定トン数

（単位：トン）

ガム・キャンディ類	4,300
キットカット*	17,400
ポロ	4,200
スマーティ	7,200
ディリー・ボックス*	5,900
ジェリー類	10,200
アエロ*	3,500
ブラック・マジック*	6,200
ココア	1,500

*はチョコレート菓子。出典：Rowntree and Co. Collections R/DF/CC/9より著者作成

ョコレート」「四本のフィンガー・ビスケット」「ロウントリー社製」の四語はつきもので、サクッと割って食べやすく、短い時間にちょっとつまむのに最適というコンセプトである。

一九六〇年代前半には、「ファミリー」がテーマになった。三〇秒になったCMのなかで、家族が車に乗って、バカンスを過ごすさまざまな場面がクローズ・アップされた。湖、海、ドライブ等々、幸せなファミリーの物語が描かれ、「Have a Break, Have a KitKat」の軽快なCMソングが流れるようになった[12]。

一九六〇年代末から七〇年代にかけては、一人で作業している合間に、キットカットを食べる場面が多く登場するようになった。水道工の男性が水道栓をつけ終わって、キットカット。子どもが一人でプラモデルを組み立てて、キットカット。学生が読書の合間に、キットカット。女性が化粧を終えて、出かける前にキットカット[13]。

このように、キットカットのCMの変遷には、「二人で紅茶」の時代から、「豊かになったファミリーのライフスタイル」、「個人化」など、戦後の世相が反映されている。ウェハースとチョコレートの二味が楽しめるキットカットは、他のチョコレート菓子との違いが明確で、ユニークなポイントをアピールしやすい。TV広告の波にのって、「ティー・ブレイク」に適した大衆向けスイーツとしてのイメージが定着し、ロウントリー社の看板スイーツの地位を不動のものにしていった。

ロウントリー社は、映像メディアの利用によって豊かな時代の消費者をつかむことに積極的だった。一九六四年にはヴェネツィアで開催された国際広告フィルム・フェスティバルにキットカットのCM作品を出品し、見事に優勝した[14]。

インターナショナルなテイストの模索

キットカットは、一九五〇年代前半まではイギリス国内で販売されていたナショナルなスイーツだったが、一九五〇年代後半から、インターナショナルなマーケットがめざされるようになった。最初に進出が検討されたのがアメリカ合衆国の市場である。アメリカでは紅茶を飲む習慣や、国民的な「ティー・ブレイク」の習慣はない。アメリカでは、スイーツのカテゴリー分類も異なる。アメリカではキットカットは、スニッカーズのようなキャンディ・バーに分類された[15]。

キャンディ・バーは子ども向けのお菓子で、大人の食べ物とは思われていなかった。アメリカではキットカットをどのような層を対象にプロモーションするか、国際化に対応したイメージ戦略の模索が始まった。

あらゆる層、老若男女を対象に浸透を図ったイギリスでのやり方とは異なって、アメリカでは子ども向けにアピールされた。一九五七年から二年間、アメリカ中西部・北東部の子ども向け番組で、キャンディ・バーのイメージのCMがオンエアされた。「一つのキャンディ・バーにチョコレート・クランチが四本も入っている」という、子どもが思わず手にとってみたくなるようなコピーが使われた。

子どもだけをターゲットにするか、大人にも売り込むか、アメリカでは二〜三年の間マーケット開拓の試行錯誤が続いた。一九六〇年に作られた子ども向けCMの「秘密の音（secret sound）」がある（図表7-13）。視聴者と同年代のかわいい少年探偵を登場させて、フィンガーのサクサク、シャキシャキ感をアピールした。キットカットを口に入れると、サクサク、シャキシャキというひそやかな謎《なぞ》の音が聞こえてくる。キットカットを食べた人にしか、聞こえない。この音は何だ。少年探偵がその音の秘密を解き明かす。ミステリアスな謎解きを通して、キットカットの独自性、チョコレートのなかにくるまれたフィンガーのおいしさが強調されている。このCMは夕方に近い時間帯に流され、秘密の音の魅力で、お腹がすいた子どもたちの心を誘う作戦が展開された。(16) やがて

図表7-13　アメリカ向けテレビCM「秘密の音」（所蔵：Borthwick Institute of Historical Research, University of York）

一九六九年にはアメリカのハーシー社とライセンス契約を結び、アメリカでもおなじみのスイーツになっていった。

ロウントリー社は一九六九年に、イギリスのチョコレート・メーカーのマッキントッシュ社を吸収合併し、ロウントリー・マッキントッシュ社になった。日本では、不二家《ふじや》がロウントリー・マッキントッシュ社と提携し、一九七三年からキットカットを売り出した。それ以来、赤と白のラッピングのキットカットは日本でもおなじみのものになった。日本のテレビCMでは、バッキンガム宮殿の赤い服の衛兵の交代のシーンが映し出され、赤白のキットカットが宣伝された。「ここらで一服しませんか、キットカット!」というCMのナレーションを思い出す人もいるだろう。日本のテレビCMでは、契約の関係なのだろうか、「マッキントッシュ社のキットカット」というテロップが流された。

バッキンガム宮殿の衛兵をクローズアップした日本のテレビCMは、「イギリス」イメージをアピールしようとしたのだろう。イギリス国内で国民的な「紅茶とBreak（休憩時間）」のイメージで普及を図ったキットカットのオリジナル・アイデンティティとは、ずいぶん異なる。日本人は、キットカットが長い間イギリスで親しまれてきたチョコレートということを知らなかったから、なぜバッキンガム宮殿の衛兵を背景にキットカットが宣伝されるのか、理解しにくかっただろう。

2　グローバル・スイーツの時代

インターナショナルなチョコレート・マーケット

一九五〇～六〇年代に、ローカルなチョコレートがインターナショナルへとテイクオフした現象は、イギリスだけではなく、他の国でも見られた。たとえば、ベルギーでは一九五八年にブリュッセル万国博覧会が開かれ、それをきっかけにベルギーのチョコレートは国際的に有名になった。それ以前、ベルギーではチョコレートは、家族経営の店で製造・販売されていることが多かった。小さな店が、チョコレートの製造や販売にプラスαの工夫を重ねていた。

たとえば、ノイハウスは、一九一二年に販売しはじめたプラリーヌを、一九一五年に「バロタン」と呼ばれる円錐《えんすい》型のパッケージ・ボックスに入れて売りはじめた。これが目新しくて、人気商品になった。一九三五年には、ココアバターだけを使って、カカオを用いないホワイト・チョコレートのプラリーヌが売り出された。褐色のチョコレートの世界に、白が使われるようになり、色の模様やバリエーションを楽しめるようになった。レオニダスでは、通りに面したオープン式のショップを一九三六年に始めて、大当たりした。家族経営の自営業者が工夫を凝らして、客の注目を集めようとした。

第二次世界大戦後も、家族経営中心のパン屋兼業のスイーツ販売が、地元の人々の需要を満たした。この状況に変化が起きはじめたのが、一九五八年のブリュッセル万国博覧会である[17]。産業政策として、チョコレートなど食品工業のプロモーションが積極的に展開されるようになった。万国博覧会を機に、コートドール社が国外市場に進出するようになり、ベルギーのチョコレートは、一九六〇年代に次第に外国の業者の関心を集めるようになった。

家族経営で独自の味を追求してきたベルギーの自営業者の味を積極的に開拓しようと近づいてきたのが、アメリカの食品会社である。ゴディバは一九二六年ブリュッセル創業の家族経営の店だったが、一九六〇年代に、アメリカのキャンベル・スープ社の社長が突然、店を訪ねてきて、店ごと買い取りたいという交渉を始めた。最初、キャンベル・スープ社が保有したのは三分の一の経営権・輸出専売権だったが、一九七四年にキャンベル・スープ社が全権を保有するようになった[18]。

このように、家内工業的生産体制だったベルギーの自営業者は、一九六〇年代以降に外国企業と契約を結び、多国籍的に展開するようになった。国際的な宣伝戦略が功を奏し、ベルギー・チョコレートの評判が上がっていった。

スイーツ業界の再編

チョコレートやスイーツの業界は国際的な合併・買収、再編の激しい業界である。ベルギーのゴディバは、キャンベル・スープ社に、コートドール社はクラフト・フーズ社に買収された。

イギリスでも、スイーツ業界再編の波は、一九六〇年代に始まった。一九六九年にロウントリー社は代表的メーカーの一つだったマッキントッシュ社を吸収合併し、ロウントリー・マッキントッシュ社になった。しかし、一八九七年に企業化したロウントリーも九〇年の営業期間を経て、ついに合併されることになった。一九八八年にネスレ社がロウントリー・マッキントッシュ社を買収した。それ以降、世界で売られているキットカットのブランド・ライセンス権はネスレ社が保有している（アメリカ合衆国は除く。合衆国での権利はハーシー社が所有）。日本でも現在は、ネスレ社のキットカットになっている。ヨークにあったロウントリー社の本拠であるハックスビー工場には、現在ネスレ社の看板が立っている。

合併・買収の際には、人気商品のブランド名はそのまま残して販売を続けることが多いので、一般消費者は、合併に気づかないことも多い。合併・買収まで至らなくても、業務提携する例も多い。スイーツ業界の再編の波は刻々と進んでいる。イギリスで最も大きなチョコレート・メーカーだったキャドバリー社も二〇〇九年にクラフト・フーズ社に買収された。

ベルギーのカレボー社は、フランスのカカオ・バリーと合併し、本社はスイスにある。日本の森永製菓は、このバリー・カレボー社と業務提携を結んでいる。

巨大な資本力を持った多国籍企業が、独自のマーケットを保有していた企業を吸収して、グローバル・サイズのスイーツ産業の再編が刻々と進んでいる（図表7-14）。

私たちは、おおまかに分けると、巨大化するグローバル企業が生産するチョコレートか、または自営業的に営まれているクラフツマン的工房でショコラティエが職人技で作っているチョコレートのいずれかを口にしている状況といえよう。

図表7-14　世界の主要なチョコレート製造メーカー（2005年）

（単位：100万米ドル）

企業名	総売上高
Mars Inc.	9,546
Cadbury Schweppes PLC	8,126
Nestle SA	7,973
Ferrero SpA	5,580
Hershey Foods Corp.	4,881
Kraft Foods Inc.	2,250
明治製菓	1,693
Lints & Sprungli	1,673
Barry Callebaut AG	1,427
江崎グリコ	1,239

出典：The International Cocoa Organization HP（http://www.icco.org, 2010/6/30）

フェア・トレードの模索

チョコレート製造のグローバル化にともなって、カカオ市場も影響を受ける。カカオの生産はさまざまな不安定要因に揺さぶられる。たとえば、病気によってカカオの大規模な不作が引き起こされることもあるし、カカオ生産国の政治的要因で、輸出や生産状況が安定しないことがある。

最も深刻な影響を受けるのはカカオ生産者である。カカオ生産者の立場を尊重し、生産者、トレーダー（輸出入業者）、製造メーカー（ココア・チョコレート）の三者の間で、公正な取引によって生産されたことを保証するフェア・トレードのチョコレートに対する認識も徐々に広がってきている。消費者にとっても、チョコレートは決して安価なものではない。フェア・トレードでは、私たち消費者の払うお金が、それを受け取るべき正当な人々のもとへ届くことがめざされている。

終章　スイーツと社会

スイーツ・ロード・マップ

カカオ・ココア・チョコレートをめぐる旅路から見えてきたものは何だろうか。おおまかな見取り図を描いてみよう（図表終－1）。

カカオは「原料」で、ココアとチョコレートは「加工食品」である。農産物としてのカカオは、栽培にも、収穫にも手間がかかる。収穫したのちも、食物としてすぐに食べることができない。複雑な加工プロセスを経て、ココア、チョコレートができあがり、口にすることができる。つまり、原料の栽培から、加工食品の製造まで、手間がかかる。

「手間がかかる」というのは、「労働力」を必要とするということである。労働力が投入されているプロセスは二つある。「原料であるカカオの生産プロセス」と、「加工食品としてのココアとチョコレートの生産プロセス」である。言い方を変えると、第一次産業としての農

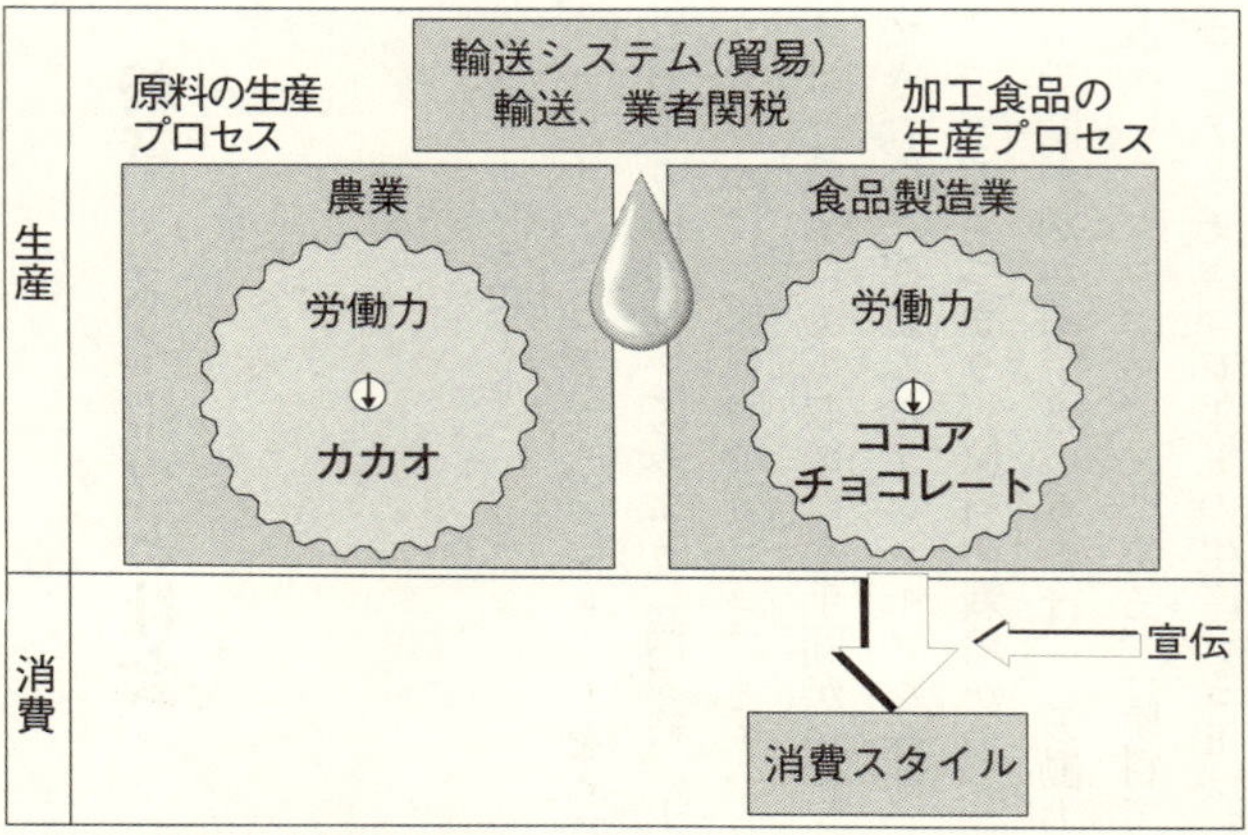

図表終－1　生産と消費のしくみ

業、第二次産業としての食品製造業に、労働力が投入されている。

労働力というのは、人間が働くということである。寝て、食べて、働く元気を出さなければならない。つまり、労働力として「再生産」されなければならない。たとえば、カカオ生産には黒人奴隷を酷使した歴史がある。これは、労働力の再生産にかける費用を省いて、消耗し尽くすまで使ったのである。これと逆に、シーボーム・ロウントリーが関心を寄せたのは、労働力として自分の時間と労働を切り売りするしかないワーキング・クラスの人々が、どのように人間的に豊かに、望ましい労働力再生産のサイクルを作りあげていくことができるかという問題だった。

原料であるカカオの生産プロセスと、加工食品としてのココア・チョコレートの生産プロセスは、それぞれが歯車のようなものである。それぞれ独自に労働力再生産の様式を持ち、生産物を作り出す。この二つの生産プロセス、つまり二つの歯車がかみ合うようになって、最終消費者がチョコレートやココアを口にすることができるようになった。二つの歯車がかみ合うようになったのは二十世紀である。またたく間に高速で歯車が回転するようになり、大量生産・大量消費のしくみができあがった。スイーツのメイン・ロードが完成し、世界の多くの人がチョコレートの味を覚えていった。

この二つの生産プロセスをつなげるものが、「貿易」である。「生産」されたものは「消費」される。農産物であるカカオは、消費地へ運ばれる。消費地では、原料として加工される。

「貿易」は、二つの生産プロセスの歯車がかみ合う部分の「つなぎ」「潤滑油」の役割を果たす。潤滑油が順調に二つの歯車の回転をつなぐと、二つの歯車の生産マシーンが生み出す生産物の量は増える。

原料の搬送には、特有の「しくみ」がある。輸送距離が長く、船が沈没する等のリスクがある。「貿易」つまり、海を越え、国境を越える輸送システムには輸送専門の業者が介在する。輸送システムの二大ポイントは、「誰が輸送専門の業者(貿易業者)か」と、「関税」である。輸出国・輸入国の政治・経済環境は変化する。それにともなって、輸送システムは組み替えられる。十九世紀のイギリスは、保護貿易体制から自由貿易体制へ移行した。これは当時の輸送システムに不満を持つ層が、輸送システムの改変を迫った例である。貿易を担当する集団は入れ替わり、関税率は変化した。

誰が「生産」と並んで重要なのが「消費」のしくみである。ココア・チョコレートが製造され、「消費者」だったのか。原料・加工プロセスに手間や費用がかかり、生産量が少なければ、産出されたものは稀少品である。王侯貴族など社会的階層が高い人々がココアを珍重した。ココアが飲まれる場では高価な品の消費を見せびらかす、「誇示的消費」のスタイルが繰り広げられた。

産業化が進むと、大量生産されるようになり、製造費用は低減した。「大量消費」のしくみが発達した。製品の入手が容易になって、ココアやチョコレートのさまざまな味わいを追求する、次の楽しみが生まれた。

「生産プロセス」で製造されたココア・チョコレートが、「大量消費」されるように促す役割を果たすのが「宣伝」である。「生産プロセス」と「大量消費」システムを「つなぐ」機能を果たしている。ポスターやカードなど、紙を媒体に使った広告から、テレビCMまで、ココア・チョコレートをめぐる「宣伝」は広がっていった。「大量消費」を成功させる要は、「宣伝」だった。

このように、スイーツをめぐる旅路で、見えてきたものは、「生産」のプロセスと「消費」システム、生産に関わる「労働力の再生産」、二つの生産プロセスをつなぐ「輸送」システム、生産と消費をつなぐ「宣伝」である。それぞれのプロセスやシステムは、国や時代によって特徴があり、それ自体も変化していった。

二つの生産プロセスと社会集団

「原料であるカカオの生産プロセス」と、「加工食品としてのココアとチョコレートの生産プロセス」、および二つのプロセスをつなぐ「輸送システムとしての貿易」に関わった社会集団を簡潔に整理しておこう。

カカオの生産地は、十六世紀には中米、十七〜十八世紀に南米、十九世紀にアフリカ大陸に広がった。原料生産地が拡大して、グローバル・スケールのスイーツ・ロードが伸びていった。

アステカ王国の時代、中米におけるカカオ生産の労働力は、インディオだった。一五二一年にアステカ王国が滅び、植民地化された生産地では、苛酷な労働、病気の蔓延などによって、インディオ人口は減少した。インディオは労働力として再生産されなかったのである。不足した労働力を補うため、アフリカから黒人奴隷が移入されるようになった。カカオ生産者である白人プランターは、労働力の再生産にかけるコストを最低限に抑え、労働力として消耗すると、新たな奴隷を買い入れた。

奴隷貿易が廃止されたあとは、カカオ生産地の人々が農業労働力として活用された。現代のフェア・トレードの問題は、現地生産に関わる人々のなかでも、とくに農業労働者として働いている人々に適切な賃金が払われているかどうかを問うものである。

イギリスでは、十七〜十八世紀に重商主義によって保護貿易が強化された。海外植民地でプランテーションを経営するプランターは、利益集団を形成し、保護貿易を擁護した。十九世紀前半に、保護貿易打倒に立ち上がったのが、北部イングランドの産業資本家層だった。ココア・ビジネスを経営したクエーカーの産業資本家層は、この系譜に連なる。

自由貿易体制に切り替わり、砂糖やカカオの価格は下がり、加工食品の製造にメリットが生じた。加工食品の生産量も、消費量も増えた。原料の輸入量もさらに増えた。

「加工食品としてのココアの生産プロセス」には、手間がかかるので、スペシャリストが介在した。ポルトガルの王宮には「チョコラテイロ」と呼ばれる宮廷ココア担当官がいた。十七〜十八世紀に南ヨーロッパのカトリック諸国では、石のメターテを使って、カカオ豆の磨砕を専門にするココア職人のギルドが形成された。

十九世紀になって、ココア製造マニュファクチュアが成長し、ココア製造業に従事する労働者が出現した。ココア製造は、家内工業的生産体制で営まれ、小さな作業場で少人数の労働者が働いた。経営者は、家族的な雰囲気のなかで、雇っている労働者に配慮し、労働力が再生産された。

やがて、十九世紀後半に、ココア製造マニュファクチュアのなかで、資本主義的生産体制に移行する経営者が現れた。ロウントリーやキャドバリーはこれにあたる。イギリスでは、クエーカーのネットワークによって、情報やスキルを交換しあい、同業者集団が成長した。ココア製造が早期に資本主義的生産に転換できるか否かは、各国各地、各集団の宗教的伝統が影響した。職業的達成と宗教的達成の方向が一致しているプロテスタント集団のほうが転換が早かった。カトリック圏では、家内工業的生産が主流だった。

資本主義的生産体制に移行したココア・ビジネス経営者たちの工場は、十九世紀末から二十世紀初頭にかけて、数千人規模に成長した。大規模化した工場で、ココアとともにチョコレートが大量生産されるようになった。二十世紀初頭に、ココア・チョコレート製造業で働くワーキング・クラスが形成された。クエーカーの経営者たちは、良質な労働力を育成すべく、再生産に寄与する福祉制度を次々と実行した。

二つの生産プロセスで働く労働者を比較してみよう。カカオの原料生産地は、南北の緯度二〇度以内に限定される。ココア・チョコレート製造業の工場は、十九世紀から二十世紀前半までは、先進国の都市部に立地した。労働力として都市部の労働者を集めた。先進国の都市にある工場のほうが、労働組合や労働者の組織の目が行き届きやすい。労働条件は改善される。先進国から見れば、熱帯付近のカカオ生産地は遠隔地である。先進国の消費者の視野には入りにくい。二十世紀後半に登場するようになったフェア・トレードの活動は、カカオ生産地の労働条件に先進国の消費者が関心を持ち、スイーツ・ロードとしてつながっていることを意識するように促す。

ココア・チョコレートと消費

ココアは、十九世紀後半に生産体制が整うまでは、「高価」な飲み物だった。口にするまで手間がかかるため、ココアを飲むには、スペシャリストの労働に対する対価を負担できる経済力が必要だった。消費者は限定され、原料の輸入量も多いわけではなく、「少量生産」、「高価」、「少量消費」の消費サイクルができていた。

高価でも、少量消費されたのは、ココアが「薬品」だったからである。「健康」への関心が少量消費を持続させた。ココアが出現する場は、王侯貴族のテーブルの上や、薬局の調合台の上だった。

稀少品の消費には、独特の消費スタイルが発達する。高価なグッズで固めた稀少品セット

「コンプレクス」が作り出された。十七世紀のフランス貴族の間では、ココア独特のポットや受け皿が発達した。陶器・磁器で作られたショコラティエールやマンセリーナが、ココアにプラスαの世界をもたらし、誇示的消費のツールになった。

そのような王侯貴族のテーブルの上でも、ココアが飲まれる目的は「薬」だった。ココアやチョコレートが甘味を楽しむ「スイーツ」として堪能されるようになるのは、二十世紀になってからである。

何を「薬」としてみなすかには宗教が関わっている。カトリックの世界では、ココアが薬か食物かを問う論争が長く続いた。薬品、食品の摂取と、宗教の世界には深い関連がある。宗教においては、「身体」をどのように位置づけるかは重要な問題である。あの世とこの世の橋渡しを、どのように考えるか。とくに、「身体」観は、「よみがえり」、身体の蘇生《そせい》、復活の問題と関わる。

イギリスのココア・ビジネスは、クエーカー集団がリードした。「震える者（クエーカー）」という、肉体の震動を、神の世界との交錯の徴《しるし》として重視する集団である。肉体に内在する「力」を良質のものに高めておかなければならない。身体にパワーやエネルギーをためておく方法が追究された。身体の「再生産」のありかたを問う姿勢が、ココア・ビジネスの根底にあり、チョコレートの誕生につながった。

クエーカーのココア・ビジネスにおいては、身体の「再生産」は、労働力の「再生産」と一致した。当時のワーキング・クラスのアルコール摂取の習慣は改善されるべきものとされた。真に身体にエネルギーを充電させるものが追究され、その答えの一つがココア・チョコレートだった。

二十世紀になって、チョコレートが大量生産・大量消費の時代に入ると、工場生産の規格品チョコレートとは異なる味わいを求める消費スタイルが現れた。二十世紀におけるチョコレートの誇示的消費スタイルが形成されはじめた。規格品とは異なる味わいを作り出している、クラフツマン的工房のチョコレートに関心が集まるようになった。家内工業的な少量生産を維持し、独特のプラリーヌの味を保持していたベルギーのチョコレート工房や、フランスのチョコレート職人の手仕事が注目を集め出した。

そのような工房のなかには、海外資本に買収されたものも多い。「独特の味わい」を標榜《ひょうぼう》しつつ、実際には大量生産の規格品チョコレートである。「高価」で「稀少品」という、誇示的消費スタイルを刺激する販売戦略が展開されている。チョコレート一粒ごとに華やかな名前をつけて、ファッション性をアピールする世界が展開されている。ダーク・チョコレートに関心が集まっているが、これも選択肢の一つとして、ラインナップされたものである。その一方で、小さなチョコレート工房で職人がていねいに作る、少量生産の味わい深いチョコレートやココアが存在する。

　チョコレートの世界では、稀少性、差異がアピールされ、並べられた多様なテイストを消費者が選択することを迫られる。稀少性がアピールされているチョコレートは「高い」。理解しにくいネーミングの商品が並べられ、どんな味なのかイメージすることは難しい。味の違いを確認したくても、値段が高すぎて一般消費者には、思いのままに食べ比べることは、ままならない。しかし、都心のデパートやショッピング・モールは、商品単価が高いチョコレート・ショップを並べて、空間の対費用効果を高めようとする。

　ここで思い出されるのが、ロウントリー社のキットカットの「青いラッピング・ペーパー」である。「チョコレート・クリスプ」を「キットカット」という名に変え、平和なときの生産とは原料と味が違っていることを、ラッピング・ペーパーに記載した。消費者と労働者に対する誠実な姿勢が表れている。平和な時代に真正の味の製品を作り出せるようになることへの願いが、青いラッピング・ペーパーにはこめられている。スイーツ・ロードの伸びゆく先の目標の一つは、青いラッピング・ペーパーにこめられた願いの世界を実現することなのではないだろうか。

あとがき

本書を書く出発点は、イギリスのヨーク大学ボースウィック・インスティチュート（Borthwick Institute）に所蔵されているロウントリー社およびロウントリー家関連の膨大な資料群、ロウントリー・コレクション（Records of Rowntree and Company）を見たことに始まる。二十世紀のイギリスの歩みを伝える、質・量ともにすぐれた第一級のアーカイブ・コレクションである。都市社会学・地域社会学を専門とする私は、ヨーク市の貧困調査で名高いベンジャミン・シーボーム・ロウントリーの名にひかれて、コレクションの閲覧を始めた。二十世紀イギリスの福祉国家形成に影響を与えたシーボーム・ロウントリーに関わる資料は、どの一枚を読んでも興味深いもので、イギリスの社会構造の重層性を実感させてくれる。第一級の資料群の世界にもぐりこんで、先人の独自の歩みをたどることは、深い喜びを味わせてくれる。

とくに、その奥深い世界はイギリスのココア・チョコレートの歩みとぴったり一致していた。ロウントリー・コレクションの世界を深く理解するには、カカオの種類、ココアやチョコレートの製造、工場のしくみ、労働者の組織などについての知識が必要である。そのようなことから、私のカカオ・ココア・チョコレート・ロードの探索が始まった。

探索の道には、そのときどきに通り過ぎた印象深いマイル・ストーンがある。私の最初のマイル・ストーンは、「キットカットの青いラッピング・ペーパー」である。ロウントリー・コレクションのなかから、「青いラッピング・ペーパー」の実物を取り出して見たとき、そこに記されていた予想もしなかった「peace-time」の語（本書6章参照）に、衝撃を受けた。なぜ赤白のラッピング・ペーパーを「青」にまで変えるのか、なぜわざわざ長い注釈をつけ、「peace-time」に言及するのか。「キットカット」は、ただのチョコレートではないと感じた。

しかも、「キットカット」は、シーボーム・ロウントリーが社長を務めていたときに開発された製品である。二十世紀イギリスの労働問題・福祉・生活保障・貧困に深く関わった人物は、自社の経営にも誠実に取り組み、雇用している労働者の生活の質の向上に努力した。その歩みはイギリスの政界の実力者から信頼され、社会福祉政策に影響を与えた。

資料を閲覧している私のテーブルの隣で、イギリスのBBC放送が、ロイド・ジョージとロウントリーとの関係をテーマにした番組を制作していたこともあった。イギリスの福祉国家形成は、二十世紀の国際社会においても一つのモデルになった。二十世紀のマクロな国際社会の歩みに、ミクロな「キットカット」の一歩が関わっている。

ロウントリーを通して、イギリス社会とココア・チョコレートの関係をたどりはじめ、私はそれまでとは異なる視点でヨーロッパ各国・諸都市を再訪して、フードと産業化・都市化と社会集団の関連を考えて歩くようになった。日本の洗練されたチョコレート・ショップやショコラティエールをめぐり歩き、それぞれのショップの味わい深いココアを堪能するのも楽しい気分転換になった。

ベルギーのブリュージュで早春に、天国に咲くような玲瓏《れいろう》とした黄水仙の花々を見ながら、濃厚で芳醇《ほうじゅん》なココアを味わった。東京・丸の内の落ち着いたショコラティエールで、雨にぬれそぼる街路をながめながら、日本人ショコラティエが作るていねいな味わいのココアに、カカオの醍醐味《だいごみ》を知った。ロウントリー・コレクションに没頭している合間に、ヨーク大学のシーボーム・ロウントリー・ビルディングのカフェで、八月にもかかわらず嵐が丘のように吹きすさぶイングランドの空と風と雲をながめながら、ココアで身体を温めた。ココアやチョコレートにはやはり寒い風景が似合うようである。

カカオ&チョコレートプランナーの小方真弓さんには、貴重な写真を本書に使用させていただいた。また、編集担当の酒井孝博さんには、チョコレートの魅力が読者により的確に伝わるように、さまざまな編集アイデアを出していただいた。楽しい本作りができた幸せが読者にも伝われば幸いである。

二〇一〇年九月

武田尚子

(1) [Borthwick: R/DD/SP/3/5]
(2) [Borthwick: R/DD/SP/3/5]
(3) [Borthwick: R/DD/SP/3/5]
(4) [Borthwick: R/DD/SP/3/5]
(5) [Borthwick: R/DD/SP/3/5]
(6) [Borthwick: R/DF/PP/1-3]
(7) [Clarke 1996＝クラーク2004:244]
(8) [Borthwick: R/DD/MG/2/4]
(9) [Clarke 1996＝クラーク2004:240-244]
(10) [St. John's College所蔵, DB484, KitKat 1955-59]
(11) [St. John's College所蔵, DB484, KitKat 1955-59]
(12) [St. John's College所蔵, DB488, KitKat 1962-63, 1963-65]
(13) [St. John's College所蔵, DB484, KitKat 1969-71]
(14) [Borthwick: R/DD/SA/29]
(15) [Borthwick: R/DD/MG/2/4]
(16) [Borthwick: R/DD/MG/2]
(17) [Rosenblum 2005＝ローゼンブラム 2009:262-263]
(18) [Rosenblum 2005＝ローゼンブラム 2009:267-274]

(6) [岡山　1990]
(7) [Borthwick: R/WC/2/1, Central Council Minute, 1919, July. 14th]
(8) [Borthwick: R/DL/L/25, Psychological Aspects of Management. C. H. Northcott, 1931, June]

6章

(1) [Grivetti & Shapiro 2009 : 750-752]
(2) [Borthwick: The C. W. M./No. 96, Feb. 1910]
(3) [Grivetti & Shapiro 2009 : 750-752]
(4) [The Times, Dec. 21, 1899]
(5) この節の記述については，以下の公開資料，解説，HPを参照した．[Borthwick: R/DD/SP/3] [Making the Modern World (http://www.makingthemodernworld.org.uk/stories/)] [Women's History (http://www.york.ac.uk/inst/bihr/guideleaflets/womens/)]
(6) [Borthwick: R/DD/SP/3/4]
(7) [Borthwick: The C. W. M./October, 1935]
(8) [Borthwick: R/DT/EE/18]
(9) [Borthwick: R/DP/PC/6]
(10) [Borthwick: R/R/B4/FS/1]
(11) [Borthwick: R/DP/PP/7]
(12) [Borthwick: R & Co. 93/x/28]
(13) [加藤　1996 : 23]
(14) [加藤　1996 : 41-43]
(15) [加藤　1996 : 50-59]
(16) [加藤　1996 : 77-79]
(17) [井上編　1958 : 30-49]

7章

(8) ［山本　1994 : 158-159］［Vernon　1958＝ヴァーノン　2006 : 115］
(9) ［山本　1994 : 153-156］
(10) ［Borthwick R & Co. 93/X/9］
(11) ［Vernon 1958＝ヴァーノン　2006 : 30-31］
(12) ［Borthwick : 93/X/5］
(13) ［Borthwick : R/DF/CS/3/1-2］
(14) ［Borthwick : The C. W. M./No. 141/ Nov. 1913］
(15) ［Vernon 1958＝ヴァーノン　2006 : 137-138］
(16) ［東京凮月堂社史編纂委員会　2005 : 49-51］
(17) ［森永製菓百年史編纂委員会　2000 : 72-73］
(18) ［森永製菓百年史編纂委員会　2000 : 72-73］
(19) ［Vernon 1958＝ヴァーノン　2006 : 62-74］
(20) ［Borthwick : R & Co. 93/X/8］
(21) ［Rowntree 1901］
(22) 各回の貧困調査によって，出版された書籍は下記である．第１次貧困調査 : *Poverty: A Study of Town Life*, Macmillan, 1901, 第２次貧困調査 : *Poverty and Progress: A Second Social Survey of York*, Longmans, 1941, 第３次貧困調査 : *Poverty and the Welfare State*, Longmans, 1951.

５章

(1) 田園都市運動，レッチワース建設については［西山　2002］参照
(2) ［Borthwick : NE/21/3］
(3) ［Borthwick : R/DH/00/17 : 16］
(4) Cocoa Reworks, http://domain1308996.sites.fasthosts.com/cocoa/welcome.htm
(5) ［Borthwick : The C. W. M./No. 7/ Nov. 1920］

(24) [Melle 1991] [Van Houten, C. J. & Fabrikanten]
(25) [Melle 1991] [Van Houten, C. J. & Fabrikanten]

3章

(1) [Gordon 2009 : 584]
(2) [Gordon 2009 : 585]
(3) [Coe & Coe 1996 : 166-169] [臼井　1992 : 59] [小澤　2010 : 24-26]
(4) [Momsen & Richardson 2009 : 482]
(5) [川北　1996 : 56]
(6) [滝口　1996 : 159]
(7) [Denyer, C. H., 1893 : 43]
(8) [Snyder *et al.* 2009 : 612]
(9) [Snyder *et al.* 2009 : 612]
(10) [Gordon 2009 : 586]
(11) [Snyder *et al.* 2009 : 615]
(12) [Mintz 1985 : 226-335]
(13) [Snyder *et al.* 2009 : 616]
(14) [Snyder *et al.* 2009 : 616-617]
(15) [Rosenblum 2005＝ローゼンブラム　2009 : 252]

4章

(1) Quakers（震える者）という略称の由来は，肉体の震動（震え）によって，信仰を表現したことによる
(2) [山本　1994 : 4-77]
(3) [山本　1994 : 4-77]
(4) [山本　1994 : 20-30]
(5) [Weber 1920＝ヴェーバー　1989 : 32]
(6) [Weber 1920＝ヴェーバー　1989 : 263, 267, 279, 281]
(7) [山本　1994 : 150-200]

(15) [Ferry 2006 : 9-19]
(16) [Gordon 2009 : 572]
(17) [平野　2002 : 28-81]
(18) [Walker 2007 : 75-106]
(19) [Fisher 1985 : 44-57]

2章

(1) [Crawfurd 1869 : 205]
(2) [Cabezon 2009 : 607-610]
(3) [高橋　2006 : 182-184]
(4) [Coe & Coe 1996 : 210-211]
(5) [Coe & Coe 1996 : 211]
(6) [川北　1996 : 62-70]
(7) [Albala 2007 : 55-56]
(8) [Albala 2007 : 58]
(9) [Walker 2009 : 561-568]
(10) [Coe & Coe 1996 : 138-139]
(11) [川北　1996 : 62-73]
(12) [Walker 2009 : 561-568]
(13) [Gordon 2009 : 570]
(14) [Gordon 2009 : 569-582]
(15) [Swisher 2009 : 177-181]
(16) [Gordon 2009 : 571]
(17) [Gordon 2009 : 572]
(18) [Gordon 2009 : 573]
(19) [Coe & Coe 1996 : 236]
(20) ボナウイート Bonajuto (http://www.bonajuto.it)
(21) [Rose 2009 : 378]
(22) [布留川　1988]
(23) [Rose 2009 : 377-380]

注

凡例1　Borthwick Institute of Historical Research, University of York, Rowntree & Co. Collectionsに所蔵されている資料については，[Borthwick : ○/○/○] のように記す

2　参考にした文献の詳細については，本書末の文献を参照のこと

序章

(1) [葛西・他　2007]
(2) [Beckett 2000＝ベケット　2007 : 16-17]
(3) [福場・他　2004 : 52]

1章

(1) [八杉　2004 : 144-165]，[Coe 1996 : 39-43]
(2) [八杉　2004 : 42-43]，[加藤・八杉　1996 : 84-86]
(3) [八杉　2004 : 129-143]，[加藤・八杉　1996 : 80-83]
(4) [八杉　2004 : 78-79]
(5) [岩井　1993 : 130-131]
(6) [今村　1994 : 120]
(7) [ディーアス（小林訳1986）: 365-368]
(8) [コロン（吉井訳）1992 : 366]
(9) [コルテス（伊藤訳）1980 : 187]
(10) [八杉　2004 : 100-101]
(11) [布留川　1988]
(12) [八杉　2004 : 158-165]，[加藤・八杉　1996 : 8-11]
(13) [Ferry 2006 : 6]
(14) [布留川　1988]

Westbrook, Virginia, 2009, "Role of Trade Cards in Marketing Chocolate During the Late 19th Century," Grivetti & Shapiro, eds., *op. cit.*: 183-191.

参照 URL

森永製菓株式会社 HP, http://www.morinaga.co.jp/cacaofun/

富澤商店 HP,「可可豆見聞録」小方真弓, http://www.tomizawa.co.jp/clm/cacao/

日本チョコレート工業協同組合 HP, http://www.chocolate.or.jp/

イタリアのチョコレートメーカー・ボナウイートHP, http://www.bonajuto.it/video.htm

Swisher, Margaret, 2009, "Commercial Chocolate Posters: Reflections of Cultures, Values, and Times," Grivetti & Shapiro, eds., *op. cit.*: 193-198.

Terrio, Susan J., 1996, "Crafting Chocolates in France," *American Anthropologist*, 98 (1).

The International Cocoa Organization, 2008, *Assessment of the Movements of Global Supply and Demand*, Executive Committee 136 Meeting paper, Berlin.

Van Houten, C. J. & Fabrikanten, Z., *Van Houten's zuivere oplosbare cacao in poeder*, Weesp.（発行年不詳）

Vernon, Anne, 1958, *A Quaker Business Man: The Life of Joseph Rowntree* 1836-1925, George Allen & Unwin Ltd.［ヴァーノン（佐伯岩夫，岡村東洋光訳）『ジョーゼフ・ラウントリーの生涯』創元社，2006］

Walker, Timothy, 2007, "Slave Labor and Chocolate in Brazil: The Culture of Cacao Plantations in Amazonia and Bahia," *Food & Foodways*, 15: 75-106.

Walker, Timothy, 2009, "Establishing Cacao Plantation Culture in the Atlantic World: Portuguese Cacao Cultivation in Brazil and West Africa, Circa 1580-1912," Grivetti & Shapiro, eds., *op. cit.*: 543-558.

Walker, Timothy, 2009, "Cure or Confection?: Chocolate in the Portuguese Royal Court and Colonial Hospitals, 1580-1830," Grivetti & Shapiro, eds., *op. cit.*: 561-568.

Weber, 1920, *Die Protestantische Ethik und Der Geist Des Kapitalismus*,［ヴェーバー（大塚久雄訳）『プロテスタンティズムの倫理と資本主義の精神』岩波書店，1989］

Westbrook, Nicholas, 2009, "Chocolate at the World's Fairs, 1851-1964," Grivetti & Shapiro, eds., *op. cit.*: 199-208.

Netherland during the 17th and 18th Centuries," Grivetti & Shapiro, eds., *op. cit.*: 377-380.

Rosenblum, Mort, 2005, *Chocolate: A Bittersweet Saga of Dark and Light*, ［モート・ローゼンブラム（小梨直訳）『チョコレート――甘美な宝石の光と影』2009, 河出書房新社］

Rowntree, B. S., 1901, *Poverty: A Study of Town Life*, Macmillan.

Rowntree, B. S., 1921, *The Human Factor in Business*, Longmans.

Rowntree, B. S., 1941, *Poverty and Progress: A Second Social Survey of York*, Longmans.

Rowntree, B. S., 1951. *Poverty and the Welfare State: A Third Social Survey of York dealing only with Economic Questions*, Longmans.

Snyder, Rodney, & Olsen, B., Brindle, L. P., 2009, "From Stone Metates to Steel Mills: The Evolution of Chocolate Manufacturing," Grivetti & Shapiro, eds., *op. cit.*: 611-623.

Soleri, Daniela, & Cleveland, D. A., 2007, "Tejate: Theobroma Cacao and T. Bicolor in a Traditional Beverage from Oaxaca, Mexico," *Food & Foodways*, 15: 107-118.

Suzannel, Perkins, 2009, "Is It A Chocolate Pot?: Chocolate and Its Accoutrements in France from Cookbook to Collectible," Grivetti & Shapiro, eds., *op. cit.*: 157-176.

Swisher, Margaret, 2009, "Commercial Chocolate Pots: Reflections of Cultures, Values, and Times," Grivetti & Shapiro, eds., *op. cit.*: 177-181.

Gordon, Bertram, M., 2009, "Commerce, Colonies, and Cacao : Chocolate in England from Introduction to Industrialization," Grivetti & Shapiro, eds., *op. cit.* : 583-593.

Grivetti, Louis E., 2009, "Medicinal chocolate in New Spain, Western Europe, and North America," Grivetti & Shapiro, eds., *op. cit.* : 67-88.

Grivetti, Louis E., 2009, "From Bean to Beverage : Historical Chocolate Recipes," Grivetti & Shapiro, eds., *op. cit.* : 99-114.

Grivetti, Louis E., & Shapiro, H. Y., eds., 2009, *Chocolate : History, Culture, and Heritage*, John Wiley & Sons, New Jersey.

Grivetti, Louis E., & Shapiro, H. Y., 2009, "Chocolate Futures : Promising Areas for Further Research," Grivetti & Shapiro, eds., *op. cit.* : 743-773.

Melle, Marius van, 1991, *Nirwana aan de Vecht. De initiatieven van cacaofabrikant Van Houten voor een parkdorp in Weesp eind 19e eeuw*, Weesp.

Mintz, Sidney W., 1985, *Sweetness and power : The Place of Sugar in Modern History*, Penguin Inc., New York, [シドニー・ミンツ（川北稔・和田光弘訳）『甘さと権力』1988，平凡社]

Momsen, Janet, H., & Richardson Pamela, 2009, "Caribbean Cocoa : Planting and Production," Grivetti & Shapiro, eds., *op. cit.* : 481-491.

Momsen, Janet, H., & Richardson Pamela, 2009, "Caribbean Chocolate : Preparation, Consumption, and Trade," Grivetti & Shapiro, eds., *op. cit.* : 493-504.

Rose, Peter, 2009, "Dutch Cacao Trade in New

Clarke, Peter, 1996, *Hope and Glory: Britain 1900-1990*, London: Penguin Books.［ピーター・クラーク（西沢保他訳）『イギリス現代史——1900-2000』名古屋大学出版会, 2004］

Coe, Sophie D., & Coe, M. D., 1996, *The True History of Chocolate*, Thames & Hudson, London.［ソフィー・コウ・他（樋口幸子訳）『チョコレートの歴史』河出書房新社, 1999］

Crawfurd, John, 1869, "On the History and Migration of Cultivated Plants Producing Coffee, Tea, Cocoa, etc.," *Transactions of the Ethnological Society of London*, 7: 197-206, Royal Anthropological Institute of Great Britain and Ireland.

Denyer, C. H., 1893, "The Consumption of Tea and Other Staple Drinks," *The Economic Journal*, 3: 33-51, Blackwell Publishing for the Royal Economic Society.

Ferry, Robert, 2006, "Trading Cacao: a View from Veracruz, 1629-1645," *Nuevo Mundo Mundos Nuevos*, Debates, 2006: 2-26.

Fisher, John, 1985, "The Imperial Response to Free Trade: Spanish Imports from Spanish America, 1778-1796," *Journal of Latin American Studies*, 17 (1) : 35-78, Cambridge University Press.

Forrest, Beth M., & Najjaj, A., 2007, "Is Sipping Sin Breaking Fast? The Catholic Chocolate Controversy and The Changing World of Early Modern Spain," *Food & Foodways*, 15: 31-52.

Gordon, Bertram, M., 2009, "Chocolate in France, Evolution of a Luxury Product," Grivetti & Shapiro, eds., *op. cit.*: 569-582.

関連」,『ソシオロジスト』13
滝口明子, 1996,『英国紅茶論争』講談社
東京凮月堂社史編纂委員会, 2005,『東京凮月堂社史——信頼と伝統の道程』非売品
臼井隆一郎, 1992,『コーヒーが廻り 世界史が廻る』中央公論社
山本通, 1992,「20世紀初頭英国クェイカー派の経済・経営思想についての二つの資料」『経済貿易研究』18, 神奈川大学経済貿易研究所 : 141-160
山本通, 1994,『近代英国実業家たちの世界——資本主義とクエイカー派』同文館出版
山本通, 2006,「B.シーボーム・ラウントリーの日本滞在記(1924年)」『商経論叢』41 (3, 4) 神奈川大学経済学会 : 51-66
山本通, 2007,「B.シーボーム・ラウントリーと住宅問題」『商経論叢』43 (2) 神奈川大学経済学会 : 1-55
八杉佳穂, 2004,『チョコレートの文化誌』世界思想社

外国語文献・その他

Albala, Ken, 2007, "The Use and Abuse of Chocolate in 17th Century Medical Theory," *Food & Foodways*, 15 : 54-74.
Beckett, Stephen, T., 2000, *Science of Chocolate*, The Royal Society of Chemistry. [ベケット(古谷野哲夫訳)『チョコレートの科学』光琳, 2007]
Briggs, A., 1961, *A Study of the Work of Seebohm Rowntree*, Longmans.
Cabezon, Beatriz, 2009, "Cacao, Haciendas, and the Jesuits : Letters from New Spain, 1693-1751," Grivetti & Shapiro, eds., *Chocolate*, John Wiley & Sons : 607-610.

森永製菓百年史編纂委員会，2000，『森永製菓100年史――はばたくエンゼル、一世紀』非売品
西山八重子，2002，『イギリス田園都市の社会学』ミネルヴァ書房
岡山礼子，1968，「イギリスにおける労務管理の展開（1）――十九世紀末葉から二十世紀初頭における労働力統轄方式の転換について」『経営論集』15（3，4），明治大学経営学研究所：253-306
岡山礼子，1969，「イギリスにおける労務管理の展開（2）――十九世紀末葉から二十世紀初頭における労働力統轄方式の転換について」『経営論集』16（3，4），明治大学経営学研究所：149-174
岡山礼子，1990，「イギリスにおける科学的管理の展開」『科学的管理法の導入と展開――その歴史的国際比較』昭和堂：76-100
小澤卓也，2010，『コーヒーのグローバル・ヒストリー』ミネルヴァ書房
Ralph E. Timms（蜂屋巖訳，佐藤清隆監修，2010），『製菓用油脂ハンドブック』幸書房
佐藤次高，2008，『砂糖のイスラーム生活史』岩波書店
高橋裕史，2006，『イエズス会の世界戦略』講談社
武田尚子，2010，「戦間期イギリスにおける「科学的管理」の導入――ロウントリー社における産業心理学の導入と労働インセンティブ」『年報　科学・技術・社会』19：53-78
武田尚子，2010，「イギリス近代都市史・ヨークのスイーツ産業――B.S.ロウントリーの社会調査と社会実践」（2009年度科学研究費補助金研究成果中間報告書Ⅰ『都市における中間層の変容過程と社会調査』）
武田尚子，近刊，「B.S.ロウントリーの田園ビレッジ建設と田園都市運動――イギリスにおける貧困研究と住宅問題の

文献

日本語文献

コロン，エルナンド（吉井善作訳，1992）『コロンブス提督伝』朝日新聞社

コルテス（伊藤昌輝訳，1980）『報告書翰』（大航海時代叢書第II期『征服者と新世界』）岩波書店

ディーアス・デル・カスティーリョ，ベルナール（小林一宏訳，1986）『メキシコ征服記１』岩波書店

福場博保・他，2004，『チョコレート・ココアの科学と機能』アイ・ケイコーポレーション

布留川正博，1988，「十七世紀カラカスにおける黒人奴隷制　カカオプランテーションの成立」『経済学論叢』第40巻第１号：95-124，同志社大学経済学会

平野千果子，2002，『フランス植民地主義の歴史』人文書院

井上碌郎編，1958，『日本チョコレート工業史』日本チョコレート・ココア協会

今村仁司，1994，『貨幣とは何だろうか』筑摩書房

岩井克人，1993，『貨幣論』筑摩書房

金子俊夫，2007，「穀物法問題とManchester自由貿易運動の登場」『経営論集』69：75-88，東洋大学経営学部

葛西真知子・他，2007，「カカオ豆産地とチョコレートのおいしさとの関係」『日本食品科学工学会誌』第54巻，第７号：20-26

加藤宗哉，1996，『ココアひとすじの道――大東カカオ会長・竹内政治の百年』大東カカオ株式会社

加藤由基雄・八杉佳穂，1996，『チョコレートの博物誌』小学館

川北稔，1996，『砂糖の世界史』岩波書店

武田尚子（たけだ・なおこ）

お茶の水女子大学文教育学部卒業，東京都立大学大学院社会科学研究科（博士課程）修了．武蔵大学社会学部講師，助教授，教授を経て，現在，早稲田大学人間科学学術院教授．2007年度に英国サウザンプトン大学客員研究員，エセックス大学客員研究員．博士（社会学），専攻・地域社会学，都市社会学．

著書『マニラへ渡った瀬戸内漁民——移民送出母村の変容』（2002，御茶の水書房．第2回日本社会学会奨励賞〔著書の部〕受賞）
『もんじゃの社会史——東京・月島の近現代の変容』（2009，青弓社）
『質的調査データの2次分析——イギリスの格差拡大プロセスの分析視角』（2009，ハーベスト社）
『瀬戸内海離島社会の変容』（2010，御茶の水書房）
『温泉リゾート・スタディーズ——箱根・熱海の癒し空間とサービスワーク』（共著，2010，青弓社）
『20世紀イギリスの都市労働者と生活——ロウントリーの貧困研究と調査の軌跡』（2014，ミネルヴァ書房）
『ミルクと日本人——近代社会の「元気の源」』（中公新書，2017）
『荷車と立ちん坊——近代都市東京の物流と労働』（吉川弘文館，2017）

チョコレートの世界史《せかいし》
中公新書 2088

2010年12月20日初版
2020年7月30日11版

著　者　武田尚子
発行者　松田陽三

本文印刷　三晃印刷
カバー印刷　大熊整美堂
製　　本　小泉製本

発行所　中央公論新社
〒100-8152
東京都千代田区大手町 1-7-1
電話　販売 03-5299-1730
　　　編集 03-5299-1830
URL http://www.chuko.co.jp/

Published by CHUOKORON-SHINSHA, INC.
Printed in Japan　ISBN978-4-12-102088-8 C1222

中公新書刊行のことば

いまからちょうど五世紀まえ、グーテンベルクが近代印刷術を発明したとき、書物の大量生産は潜在的可能性を獲得し、いまからちょうど一世紀まえ、世界のおもな文明国で義務教育制度が採用されたとき、書物の大量需要の潜在性が形成された。この二つの潜在性がはげしく現実化したのが現代である。

いまや、書物によって視野を拡大し、変りゆく世界に豊かに対応しようとする強い要求を私たちは抑えることができない。この要求にこたえる義務を、今日の書物は背負っている。だが、その義務は、たんに専門的知識の通俗化をはかることによって果たされるものでもなく、通俗的好奇心にうったえて、いたずらに発行部数の巨大さを誇ることによって果たされるものでもない。現代を真摯に生きようとする読者に、真に知るに価いする知識だけを選びだして提供すること、これが中公新書の最大の目標である。

私たちは、知識として錯覚しているものによってしばしば動かされ、裏切られる。私たちは、作為によってあたえられた知識のうえに生きることがあまりに多く、ゆるぎない事実を通して思索することがあまりにすくない。中公新書が、その一貫した特色として自らに課すものは、この事実のみの持つ無条件の説得力を発揮させることである。現代にあらたな意味を投げかけるべく待機している過去の歴史的事実もまた、中公新書によって数多く発掘されるであろう。

中公新書は、現代を自らの眼で見つめようとする、逞しい知的な読者の活力となることを欲している。

一九六二年一一月

中公新書

地域・文化・紀行

t1

285 日本人と日本文化 ドナルド・キーン 司馬遼太郎
605 絵巻物に見る日本庶民生活誌 宮本常一
201 照葉樹林文化 上山春平編
799 沖縄の歴史と文化 外間守善
2298 四国遍路 森正人
2151 国土と日本人 大石久和
2487 カラー版 ふしぎな県境 西村まさゆき
1810 日本の庭園 進士五十八
2511 外国人が見た日本 内田宗治
1909 ル・コルビュジエを見る 越後島研一
1009 トルコのもう一つの顔 小島剛一
2169 ブルーノ・タウト 田中辰明
2032 ハプスブルク三都物語 河野純一
2183 アイルランド紀行 栩木伸明
1670 ドイツ 町から町へ 池内紀
1742 ひとり旅は楽し 池内紀
2023 東京ひとり散歩 池内紀
2118 今夜もひとり居酒屋 池内紀
2331 カラー版 廃線紀行—もうひとつの鉄道旅 梯久美子
2290 酒場詩人の流儀 吉田類
2472 酒は人の上に人を造らず 吉田類

世界史

社会・生活